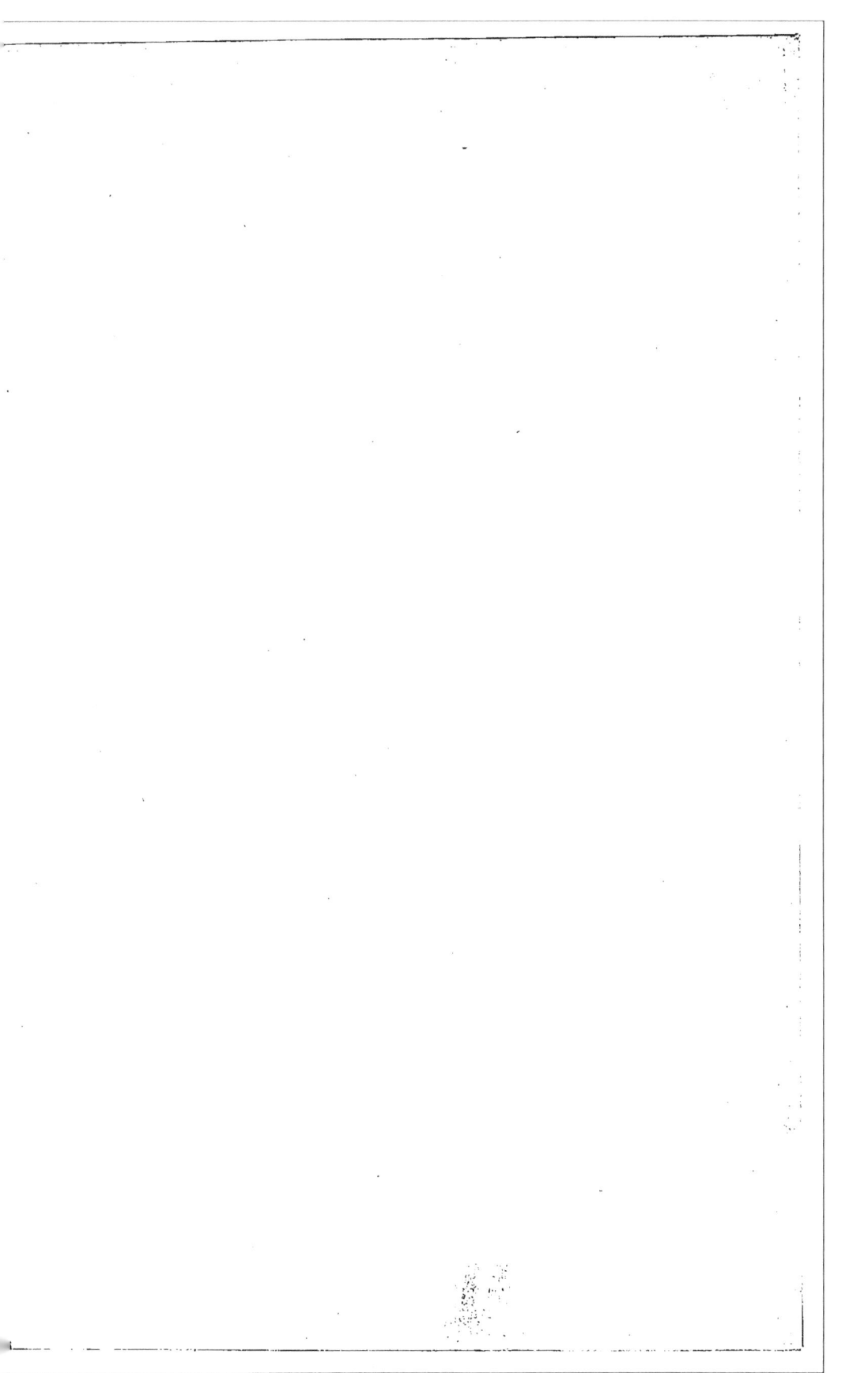

27421

ESSAI

DE

NATURALISATION DES VÉGÉTAUX

UTILES A L'AGRICULTURE

ENTRE LES PARALLÈLES 30°-46°

PLUS PARTICULIÈREMENT AUX PUISSANCES COMPOSANT LE BASSIN
MÉDITERRANÉEN

LA PROVINCE D'ALGER PRISE COMME TYPE

PAR

F. GALLAIS

MAIRE DE RUFFEC (CHARENTE)

DÉDIÉ

A LA SOCIÉTÉ D'AGRICULTURE

SCIENCES, ARTS ET COMMERCE DE LA CHARENTE

ANGOULÈME

IMPRIMERIE CHARENTAISE DE A. NADAUD ET Cⁱᵉ

REMPART DESAIX, N° 26

1868

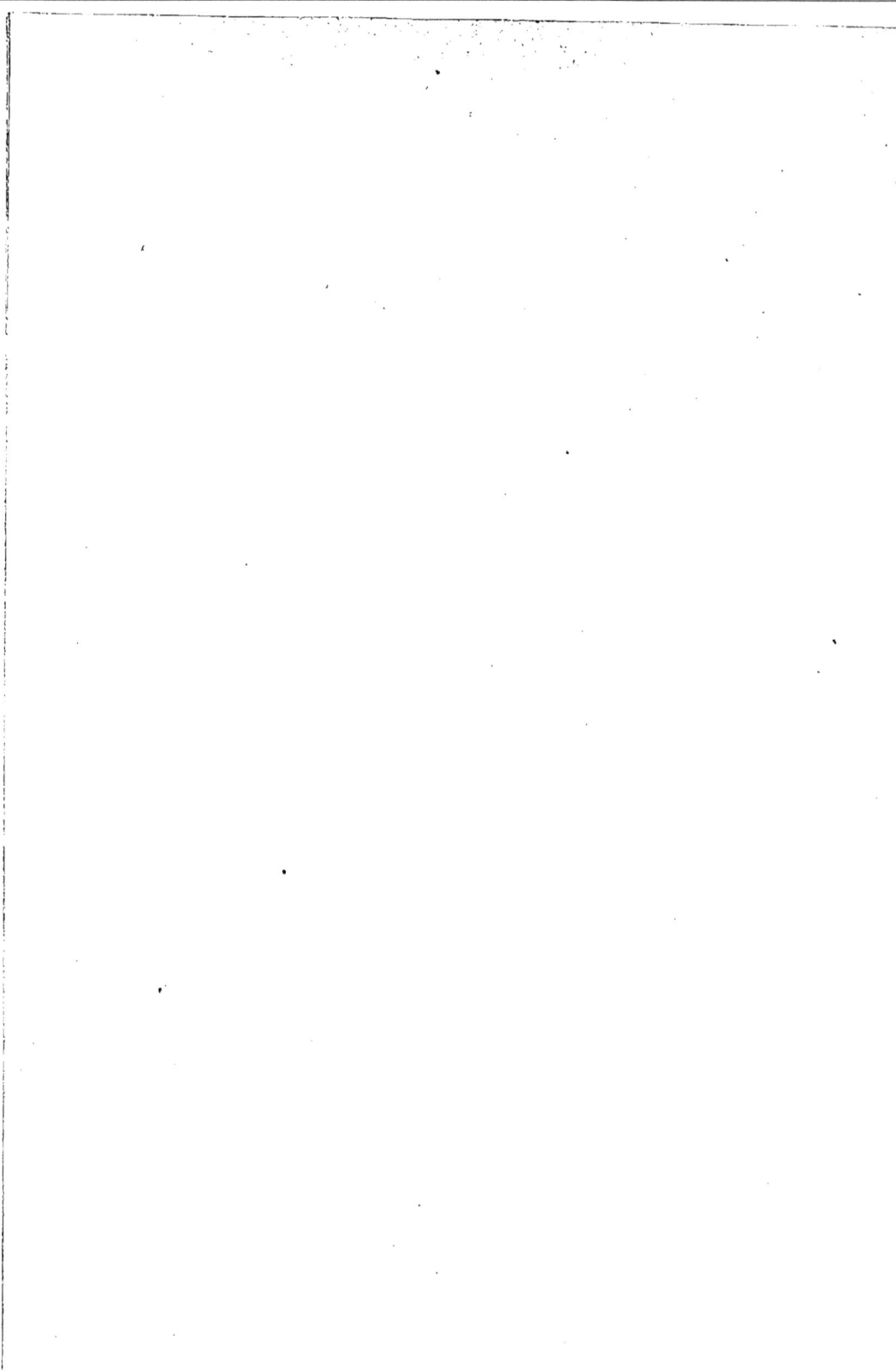

PRÉFACE

En publiant ce travail, je me suis proposé d'appliquer dans notre colonie algérienne et dans le sud de la France une règle générale de naturalisation des végétaux dont les produits pourraient être utilisés tant pour l'alimentation, que dans la médecine et les arts industriels.

J'ai donc fait imprimer cette première partie, dans l'espoir de recueillir près des hommes dévoués à l'agriculture les renseignements relatifs aux diverses substances traitées dans ce Mémoire, pour publier ultérieurement un travail d'ensemble qui fixerait définitivement les divers produits que la culture des terres de ces contrées pourrait fournir.

Ce travail apprendrait au colon à choisir une culture appropriée à son terrain, qui lui permettrait de jouir bien plus vite que s'il tentait des essais sans discernement.

Je vous invite donc tous à me seconder et à vous joindre à moi pour amener l'aisance chez vous et chasser de vos familles le découragement; nous travaillerons tous à faire prospérer la mère-patrie, l'agriculture!

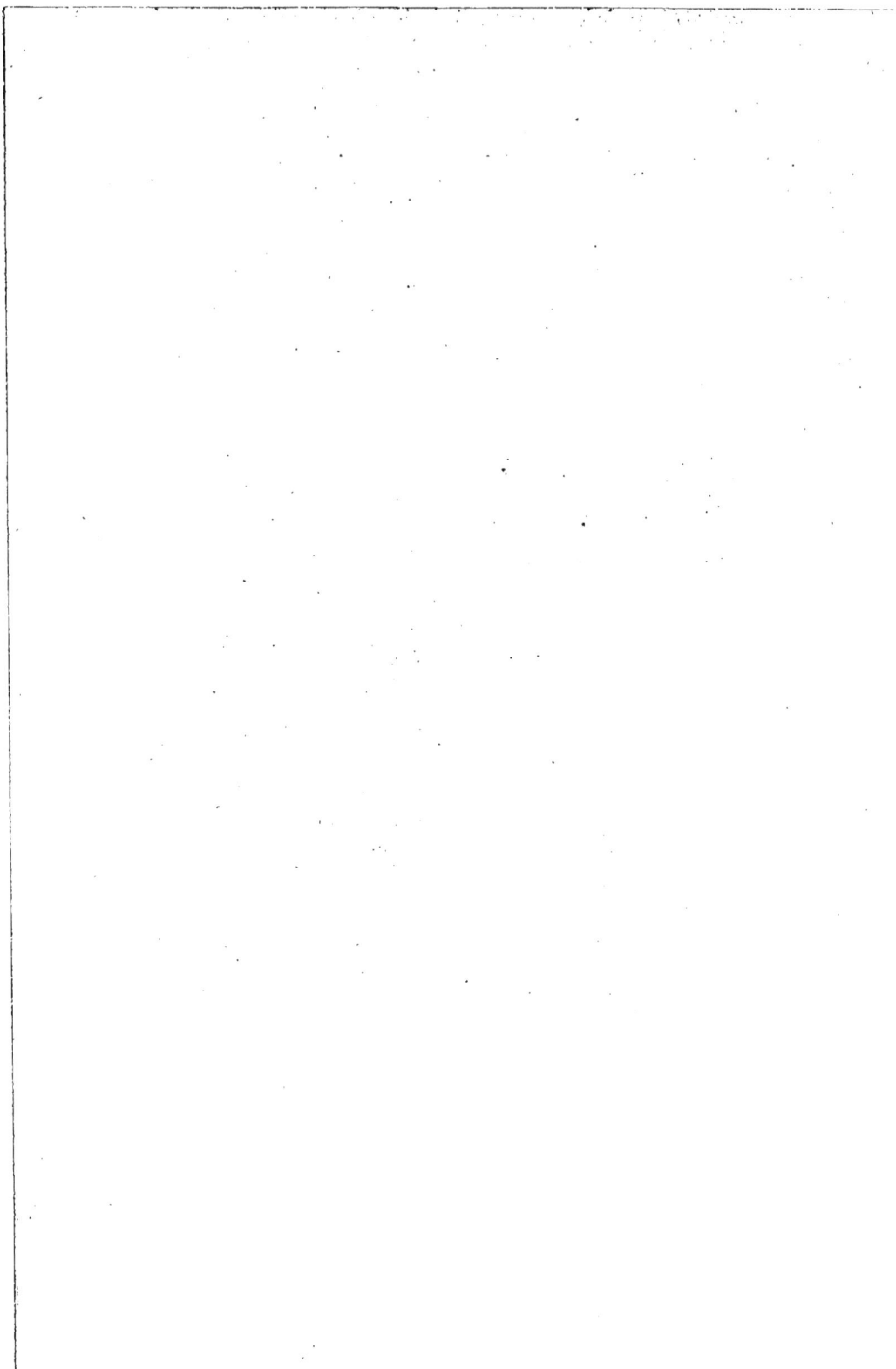

MONSIEUR LE MINISTRE DE L'AGRICULTURE

DU COMMERCE ET DES TRAVAUX PUBLICS

————▸—✕—◂————

Monsieur le Ministre,

Par dépêche en date du 24 janvier 1867, Votre
Excellence a bien voulu m'annoncer que j'étais autorisé à faire en Afrique, et plus spécialement en Algérie,
des études pour la recherche et l'acclimatation en
France des plantes les plus utiles à l'agriculture.

Je remercie Votre Excellence de la protection et des
encouragements dont elle a daigné honorer mon
projet, et je viens lui rendre compte du résultat de
mes travaux.

Je ne me suis pas borné à faire seulement une sèche
énumération des plantes africaines susceptibles d'être
acclimatées en Europe; j'ai aussi examiné, parmi les
plantes spéciales aux différentes contrées du bassin
méditerranéen, quelles sont celles qui pourraient
prospérer sur d'autres points du même bassin où
elles n'ont pas encore été cultivées, de façon à provo-

1

quer entre toutes ces contrées un échange mutuel de végétaux au point de vue de l'acclimatation.

J'ai concentré d'abord mes recherches et observations sur la province d'Alger, en y étudiant sur le fait les conditions normales de sa puissante végétation.

Ce n'est point sans raison que j'ai adopté la province d'Alger comme type de comparaison avec tous les autres pays que baigne la Méditerranée : je retrouve en Algérie tous les climats qui s'observent dans le bassin méditerranéen en général, climats essentiellement subordonnés aux latitudes et altitudes, comme je le démontrerai plus loin d'après les études appliquées et combinées de MM. de Humboldt et Bonpland, Boussingault et de Candole. En tenant compte des effets météorologiques qui, dans la zone décrite en ce rapport, sont de peu d'importance eu égard aux positions que ces contrées occupent dans ce bassin, je pourrai, j'espère, arriver à former une échelle de proportion, ou plutôt une progression croissante et décroissante d'acclimatation des plantes, c'est-à-dire à trouver sur cette zone, par la latitude et l'altitude, des lignes qui indiqueront des degrés de chaleur convenables aux plantes importées, autrement dit à la naturalisation de ces plantes.

Je traiterai mon sujet en sept chapitres dont voici la substance :

1° Lignes et cercles de la sphère, ou résumé des notions cosmographiques les plus élémentaires, servant d'introduction aux chapitres suivants.

2° Description topographique de la province d'Alger,

dont la configuration est la même que celle de toute l'Algérie, de la Tunisie et du Maroc, géologiquement parlant, que celle aussi de l'Italie, de la péninsule hispanique et de la péninsule orientale ; — faits caractéristiques intéressants, présentés en forme de tableaux pouvant être utilisés et devant rompre la monotonie de ce Mémoire purement scientifique.

3° Géologie spéciale à la province d'Alger ; — extension des résultats généraux de cette étude à la composition géologique de l'Italie, de la péninsule orientale, la péninsule hispanique, etc., etc., où ressortiront quelques corrections peu importantes motivées par les terrains volcaniques.

Ces recherches et descriptions ont pour but de caractériser les alluvions formées, sous l'action des agents atmosphériques, par le délitement des roches constituant les montagnes environnantes.

4° Description des diverses zones rapportées à celles qui feront surtout l'objet de cet opuscule au point de vue du *climat,* corrigé par les altitudes et latitudes, ainsi que par les effets météorologiques.

5° Description des forêts et prairies algériennes, avec essai sur l'amélioration des prairies au moyen d'un choix de plantes spontanées à cette contrée ; — application des résultats aux prairies européennes.

6° Étude générale des diverses et principales plantes originaires tant des régions arctiques qu'antarctiques, susceptibles d'acclimatation dans la zone 30°-46°, avec recherches pratiques des conditions climatériques les plus favorables à une belle végétation et à une complète maturation. — Notice sur le cépage des vignes.

— Essai sur l'acclimatation des quinquinas. — Observations sur les parfums.

7° Liste des principales plantes des régions tempérées sous les zones tropicales, complétée par une liste des plantes les plus communément employées dans les arts industriels, croissant au nord et au sud des colonies anglaises dans la Nouvelle-Hollande (Australie).

C'est en combinant les lois déduites de tous ces faits naturels que je me propose, Monsieur le Ministre, de donner à l'agriculture et aux sciences qui en dépendent les moyens d'obtenir, par mon système de naturalisation, des avantages qui assureront aux agriculteurs ou praticiens des sciences et arts une réussite presque certaine; tandis que jusqu'aujourd'hui, dans toutes nos colonies françaises, les expériences de naturalisation ont été faites trop souvent à la hâte, sans discernement, sans tenir bien compte des lois physiques de la terre, qui influent non seulement sur la croissance des végétaux, mais encore sur leurs propriétés.

J'ai étudié la nature du sol africain; j'ai considéré ce colon courageux qui, depuis cinq années, voit le résultat de son travail tantôt anéanti par les incendies que les Arabes allument périodiquement, tantôt par une sécheresse que le simoun apporte du désert, tantôt par une pluie de sauterelles qui non-seulement dévorent les récoltes, mais aussi laissent après elles une quantité d'œufs qui donnent naissance aux criquets, encore plus nuisibles, car ils ne laissent rien, rien que la terre !

C'est dans cet état de choses que j'ai trouvé ce courageux colon, voyant tout s'évanouir devant lui, qui recommence à lutter, et qui enfin parvient à entretenir une existence souffreteuse ; mais lorsqu'il se souvient de ses années d'abondance, il se console par l'espoir que l'une de ces années fortunées viendra rétablir l'aisance dans sa famille.

Si son espoir est souvent trompé, c'est qu'il s'applique à une seule récolte, tandis que sous ce climat la terre peut, par des cultures appropriées, en produire facilement plusieurs à l'année ; et le but que je me propose d'atteindre, c'est précisément de fournir à l'agriculteur africain les moyens, par l'importation des plantes nouvelles, de multiplier ses récoltes annuelles.

Je remercie la Société d'agriculture d'Alger qui, sur la proposition de M. le préfet, dans sa séance du 16 mars 1867, a bien voulu nommer une commission spéciale, composée de MM. Gimblot, Hardy et Vallier, à l'effet de seconder les travaux que j'allais entreprendre, et aussi ceux qu'ont dû poursuivre vers la même époque et dans un but analogue MM. Miès et Gallicher.

Je remercie bien sincèrement M. Hardy et M. Perrier, secrétaire de la Société, pour les renseignements si complets et si précieux que j'ai recueillis de leur expérience et de leur savoir : j'aurai, du reste, occasion, à la fin de ce Mémoire, de parler du directeur du jardin du Hamma, qui, en dotant l'Afrique de richesses végétales, a victorieusement lutté contre tous les effets météorologiques contraires à la naturalisation de toutes espèces de plantes.

C'est dans les terrains plats du Hamma, si peu élevés au-dessus du niveau de la mer et si près d'elle, qu'il est parvenu à rassembler près de six mille végétaux indigènes et exotiques.

Muni de tous ces précieux renseignements, et grâce à la permission préfectorale d'emporter de la bibliothèque de la ville d'Alger les ouvrages publiés sur cette immense collection de plantes, j'ai pu faire un travail d'ensemble que j'espère compléter un jour, en donnant la *géographie des plantes* qui doivent croître dans la zone du bassin méditerranéen comprise entre le 30ᵉ et le 46ᵉ degré de latitude.

Les ouvrages ci-dessous nommés m'ont aidé, par comparaison, à étudier les plantes algériennes :

Flora atlantica, sive historia plantarum quæ in Atlante, agro Tunetano et Algeriensi crescunt, par René Desfontaines, envoyé en ces contrées par l'Institut de France l'an VII de la République française (1783).

La Flore de l'Algérie, ou catalogue des plantes indigènes du royaume d'Alger, par G. Mumby, colon d'Alger.

Λέγω δὲ ὑμῖν, οὐδὲ Σολομων ἐν πάσῃ τῇ δόξῃ αὐτοῦ, περιεβάλετο ὡς ἐν τούτων.

ΕΥΑΓΓΕΛ. Κατὰ Λουχ, Κ. 12, 27.

Et enfin, à l'aide de l'exploration scientifique de l'Algérie pendant les années 1840, 1841, 1842, publiée par ordre du gouvernement avec le concours d'une commission académique, *Botanique,* par MM. Bory de Saint-Vincent et Durieu de Maison-Neuve.

Avec l'appui de ces ouvrages j'ai pu, dans un délai

très court, visiter les lieux où diverses plantes croissent spontanément et étudier ces lieux et la nature de
leur terrain, ainsi que leur position. M. Durando,
attaché à la bibliothèque de l'École de médecine, m'a
beaucoup aidé en me donnant une classification de
plantes spontanées au sol africain. Je suis heureux de
le citer dans ce Mémoire, pour le remercier de nouveau
de la bonté qu'il a mise à me faire connaître le résultat
de ses recherches scientifiques.

A l'aide de ces documents, Monsieur le Ministre, et
avec vos établissements d'essai ou pépinières du gouvernement, qui renferment bien des richesses incon-
nues aux horticulteurs français et étrangers, je vais
tenter un essai de naturalisation de végétaux que
j'appliquerai aux arts industriels et scientifiques, médecine, teinture, vignobles, céréales, distillation des
essences tirées de plantes presque toutes exotiques à
l'Algérie, etc., etc., etc.

I.

LIGNES ET CERCLES DE LA SURFACE TERRESTRE.

Dans le cours de ce Mémoire j'aurai besoin de
recourir souvent à quelques désignations cosmographiques, dont je crois devoir rappeler sommairement
la valeur mathématique.

Tous nos savants astronomes ont démontré que la
terre est ronde ; c'est en partant de ce principe que je
développerai les notions générales sur lesquelles je
m'appuierai dans le cours de ce Mémoire.

La terre tourne autour du soleil, et ce premier mouvement est annuel et nous donne les saisons; la terre tourne sur elle-même, et ce second mouvement, qui s'exécute en vingt-quatre heures, nous donne le jour et la nuit. La terre en tournant présente chacune de ses faces au soleil, en décrivant autour de lui une ellipse : c'est à cette courbe-là qu'il faut attribuer la variation de distance entre la terre et le soleil, et comme la terre tourne sur elle-même et selon un plan qui la coupe en deux hémisphères égaux, il est facile de voir qu'il y aura dans cette rotation des points plus rapprochés du soleil, conséquemment des points plus ou moins chauds.

D'après la forme sphérique de la terre, la ligne imaginaire sur laquelle la terre exécute son mouvement de rotation est l'*axe de la terre*.

Les deux extrémités de l'axe sont les deux pôles : l'un se nomme le *pôle boréal* ou *arctique* (nord); l'autre le *pôle austral* ou *antarctique* (sud).

Pour connaître et classer toute la surface du globe, on y suppose des méridiens et des parallèles.

Les *méridiens* sont des cercles qui passent par les deux pôles en coupant la terre en deux parties égales, et dont le centre est le même que celui de la terre; vous pouvez donc avoir un méridien par tous les points de la terre; de là le méridien de Paris, le méridien de Greenwich (Angleterre), point de départ que nos marins emploient pour trouver le lieu où ils sont.

Les *parallèles* ou cercles parallèles ont leur centre sur l'axe de la terre.

Nous avons dit que le méridien coupe la sphère en

deux parties égales; mais si au centre de la terre nous faisons passer un plan perpendiculaire à son axe, au lieu d'avoir deux parties, la sphère se trouvera partagée en quatre; chaque partie fera donc le quart du cercle entier et sur tous sens. Or, comme le cercle est divisé en 360°, le quart de ce cercle sera de 90°; ces deux derniers hémisphères seront séparés par l'équateur et constitueront l'*hémisphère septentrional* ou *boréal* ou *du nord*, et l'*hémisphère méridional* ou *austral* ou *du sud*.

Toutes les lignes parallèles à l'équateur sont des *latitudes*, c'est-à-dire que ce sont des lignes qui servent tout simplement à déterminer la distance qu'il y a de l'équateur aux pôles, et la *longitude*, la distance d'un méridien à un autre méridien pris arbitrairement pour le premier, c'est-à-dire celui de Paris ou de Greenwich.

Ces distances se comptent en degrés sur les globes ou les cartes ; on met à chaque parallèle un numéro indiquant de combien de degrés il est éloigné de l'équateur, et à chaque méridien un numéro indiquant de combien de degrés il est éloigné du méridien que l'on a choisi pour le premier.

La circonférence de la terre est de 40,000 kilomètres, et le rayon de 6,366 kilomètres.

D'après la longueur qui a été trouvée pour le quart du méridien terrestre, 10,261,480 mètres, nous avons dit que le quart du méridien était divisé en 90°; il nous importe beaucoup de connaître la valeur moyenne de l'arc d'un degré sur cette méridienne, ainsi que celui d'une minute (1′) et d'une seconde (1″).

Arc d'un degré (en mètres) $= 111,120^m\ 60$.
Arc d'une minute (en mètres) $=\quad 1,852^m$.
Arc d'une seconde (en mètres) $=\quad\quad 30^m\ 90$.

Je démontrerai plus tard qu'en parcourant sur la terre un degré ou 111,120 mètres 60 centimètres, ou 111 kilomètres 120 mètres 60 centimètres, soit au nord, soit au sud, mais dans la direction des deux pôles, autrement dit en suivant un méridien et sur une surface unie, il y a une différence d'un demi-degré centigrade de chaleur soit au nord, soit au sud, et, pour m'expliquer plus catégoriquement, toutes les 27 lieues 78 centièmes nous constaterons un demi-degré de froid en allant au nord et un demi-degré de chaleur en se dirigeant vers le midi (cette loi n'est pas uniforme).

Il est très important de connaître les latitudes et les longitudes d'un lieu : je vais donc donner le moyen de pouvoir les reconnaître, car on sera appelé souvent à s'en servir si l'on veut essayer des règles que je me propose de décrire.

Le soleil semble faire le tour de la terre en vingt-quatre heures; ainsi, il parcourt 15 degrés dans une heure et 1 degré dans quatre minutes, c'est-à-dire que lorsqu'il est midi à Paris, il faut attendre encore une heure pour qu'il soit midi sur le méridien qui est à 15 degrés plus à l'ouest, tandis qu'il est déjà une heure à 15 degrés plus à l'est : cette différence d'heure fait connaître la longitude d'un lieu.

Si l'on voit, par une éclipse ou par une montre marine qui ne varie pas, qu'il est huit heures du matin à Paris, tandis qu'il est midi douze minutes dans le pays où l'on se trouve, c'est-à-dire quatre heures et douze minutes de plus, en multipliant le nombre d'heures par 15 degrés et en divisant par 4 celui des minutes, on verra que ce pays est à 63 degrés de longitude orientale; la longitude serait occidentale si l'heure était moins avancée qu'à Paris.

On peut aisément reconnaître la latitude nord d'un pays par l'inspection de l'étoile Polaire; cette étoile, qui est près du zénith du pôle nord, semble à peu près immobile dans le ciel.

Quand on est à l'équateur, on la voit à l'horizon; elle s'élève à mesure que l'on s'avance vers le nord, de sorte qu'on la voit à 10°, 20°, 30°, etc., de hauteur lorsque l'on est à 10°, 20°, 30° de latitude, et ainsi de suite.

Nota. — On appelle *zénith* le point du ciel qui est élevé perpendiculairement sur chaque point du globe terrestre.

Voilà en quoi se résument les notions tout à fait générales que j'ai cru bon de rappeler, de façon à ce qu'elles soient à la portée de tout le monde, attendu qu'elles permettent des observations qui ne feront qu'apporter de la lumière sur mon sujet, que je ne traiterai, malgré mon désir, que fort incomplètement.

II.

DESCRIPTION TOPOGRAPHIQUE ET PHYSIQUE
DE LA PROVINCE D'ALGER.

La province d'Alger est située dans l'hémisphère arctique de la terre, c'est-à-dire au nord de l'équateur, et dans la zone tempérée septentrionale, puisqu'elle s'étend entre les 30ᵉ et 37ᵉ degrés parallèles. Elle comprend la partie de l'Afrique qui est baignée par la mer Méditerranée au nord et limitée par le Sahara au sud, à l'ouest par la province d'Oran et à l'est par la province de Constantine. La partie la plus élevée a reçu le nom latin d'*Atlas;* et, pour la clarté de ce travail, je laisserai de côté le nom de petit et grand Atlas, qui, du reste, se confondent en une seule chaîne de montagnes qui plus elle gagne vers l'équateur s'élève au-dessus du niveau de la mer.

La ville d'Alger est prise pour unité de cote et servira de point de départ à tous les faits que je veux y rendre relatifs.

Quand vous arrivez de France et que vous êtes en vue de cette partie du monde, vous apercevez la ville d'Alger comme une carrière de marbre blanc adossée à un gigantesque massif qui se continue en obliquant à l'ouest et à l'est, en déroulant à l'œil envieux du voyageur un long voile noir semblable à un épais brouillard qui peu à peu, par son approche, prend une couleur locale caractéristique de la richesse du sol et de la douce température de ce pays.

Cette chaîne de montagnes, qui ressemble à un sou-
lèvement lent que l'Afrique aurait éprouvé sur le littoral de la mer, est accidentée par des ravins perpendiculaires, des parties plates ou légèrement montueuses,
des dépressions qui laissent apparaître des rochers,
des pics dénudés qui forment à leur cime une dente-
lure inégale dont les sommets sont légèrement arron-
dis; tantôt c'est une gorge profonde que contournent
des rochers et qui se dérobe tout à coup à l'œil, tel que
le lit de l'Oued-Masafran (*oued* veut dire rivière);
tantôt ce sont des couches d'argile délitées par les eaux
qui s'effondrent et forment, par ces petits cataclysmes,
un nouveau terrain; tantôt ce sont des plateaux qui
sont reliés entre eux par des pentes plus ou moins
rapides et couvertes de broussailles.

Enfin figurez-vous voir en certains endroits des
mamelons très élevés dont les pentes sont infranchis-
sables, ou bien un vaste escalier dont les marches
gigantesques et successives offrent à l'agriculture des
plateaux et des terrains de diverses qualités, avec des
sources qui descendent d'un autre plateau plus élevé
et dont les eaux sont utilisées par nos colons.

Derrière cet amas de rochers et de terre vous apercevez la plaine de la Mitidja, qui se déroule avec ses
vastes prairies bordées par une autre chaîne de montagnes (l'Atlas).

Revenons à cette chaîne de montagnes qui se dirige
sur le littoral de l'Algérie. Elle suit la mer dans le
Maroc, elle suit la mer dans la Tunisie, et se trouve
parfois interrompue par de vastes montagnes abruptes
qui la coupent transversalement, tel que le Chenoua,

dont les sommets escarpés s'élèvent à la hauteur de 900 mètres au-dessus du niveau de la mer, qui lui baigne le pied et fait ressortir par son ombre projetée dans les eaux la pesanteur du marbre qui la compose. C'est au pied de cette montagne et dans la baie protégée des vents d'ouest que se trouve cette ancienne cité abandonnée aux vétérans et fondée par l'empereur Claude; elle a nom Tipaza, et sera appelée à jouer dans notre colonie un rôle commercial important, comme port de mer, pour l'écoulement des produits de la plaine haute de la Mitidja, habitée en ce moment par les Hadjoutes, tribu arabe.

Cette montagne, toute variée par sa formation et sa construction géologique, semble s'arrêter à l'embouchure de l'Oued-Nador; elle contourne étroitement une partie de terrain et revient en s'élargissant enfermer les communes de Coleah, Cheragas, Roubba, Bircadem, Douera, etc., en venant du côté de l'est prendre une des rives de l'Oued-Harrach, où elle semble finir en pentes douces, tandis que de l'autre côté de l'Oued-Nador elle reprend son excentricité remarquable dans les communes de Cherchell, Tenez, limites de la province d'Alger.

Sur la rive de l'Oued-Nador, une gorge suivant son lit laisse, en se dirigeant à l'est, voir une partie de la plaine de la Mitidja. Cette plaine entourée de tous côtés, à l'exception du côté de la mer, est bornée au nord par les montagnes du Sahel et au sud par les montagnes de l'Atlas, en décrivant un long arc de cercle à l'ouest pour aboutir à la mer, après avoir enveloppé tout le massif (appelé Sahel) d'Alger. Elle constitue toutes les basses terres, toutes en général chargées d'un sol profond, bien arrosé et, conséquemment, renommé par la fertilité et les avantages que les populations agricoles peuvent en retirer.

Je reviendrai à parler de la fertilité de ces plaines lorsque je traiterai les grandes formations géologiques.

Il nous est donc facile de voir que si l'on coupait ce massif du Sahel, la plaine de la Mitidja et celui de l'Atlas, ces deux montagnes tiendraient les deux points élevés d'une courbe dont le centre serait la plaine de la Mitidja. Ainsi, en prenant le port d'Alger comme 0^m au-dessus du niveau de la mer, nous voyons les crêtes du Sahel, comme à Coleah par exemple, élevées au-dessus du niveau de la mer de 128 mètres, et descendre à Boufarik, dont le niveau au-dessus de la mer n'est que de 57 mètres, et remonter à Blidah, qui a 260 mètres d'élévation. Mais au-dessus de Blidah et derrière cette ville s'élève l'Atlas, dont la hauteur au-dessus du niveau de la mer est de 590 mètres environ.

Cette altitude de 590 mètres est déjà une de celles que l'on peut citer, car une glacière appartenant à M. Lavalle, limonadier à Blidah, y est établie.

Cette montagne se nomme Beni-Sala, et sa juridiction dépend du bureau arabe de Medeah.

Cet établissement, d'abord donné il y a douze ans à M. Lavalle par le général Yussuf, a été concédé en dernier lieu par un sénatus-consulte. Il se compose de quatre-vingt-trois hectares de superficie. Le propriétaire y a fait construire cinq glacières et trois maisons d'habitation.

Ces glacières sont d'un grand secours pour les malheureux malades des hôpitaux. Cette industrie, créée dans ce pays chaud, fait honneur à celui qui en a été l'instigateur, car le succès a couronné l'œuvre.

Cet ingénieux M. Lavalle ne s'est pas arrêté à cette idée; il a fait dans cette montagne des plantations importantes, comme mille pieds de châtaigniers; il y a fait arriver de l'eau, planté des groseilliers et des cassis : tout arrive à bonne maturité, et la végétation de ces plantes prouve encore, une fois de plus, les avantages et les règles que je me propose de traiter. Car ici M. Lavalle n'a fait autre chose que de rendre le climat naturel à ces plantes, climat dépendant de l'altitude de la montagne.

Quand vous quittez Blidah, en vous dirigeant sur le village de Joinville et la Chiffa, vous trouvez une route qui vous conduit à Medeah. Je ne puis m'empêcher de décrire le gigantesque spectacle qui s'est offert à mes yeux.

En arrivant à la Chiffa (l'oued), sur la route de Medeah, vous ne tardez pas à vous engager dans une coupure noire de l'Atlas. La route se trouve placée à gauche de cette rivière, encaissée dans cette immense gorge qui est une des merveilles de l'Algérie. Figurez-vous dans une coupure tortueuse à pic, de cinq lieues de long, la route établie tantôt sur le rocher qui la surplombe, tantôt sur le torrent qui lui cède une partie de son lit. Ces montagnes escarpées qui s'élèvent de chaque côté à perte de vue dispersent par caprice les rayons lumineux qui éclairent leurs flancs rocheux, et produisent ces beautés en grand nombre que la nature a si bien ménagées et ornées de verdure par des

bouquets de Pins et de toutes sortes de plantes, telles
que celles de la famille des Fougères, Lycopodes.
Les Palmiers *(Chamærops humilis)*, dont le développement a été protégé par les abris naturels que lui offrent
ces rochers, se sont réservé les crevasses de ces montagnes, où la terre végétale n'a pu être entraînée par
ces cascades qui tombent des sommets escarpés, de
roche en roche, et forment un brouillard que le voyageur respire avec avidité.

Je ne suis point poète, mais il est impossible de ne
pas rêver au milieu de choses si belles, au milieu d'un
tableau naturel formé par le temps, et qui est un des
plus grandioses spectacles du monde. Si vous conti-
nuez votre chemin après avoir examiné de tous vos
regards ces beautés de la nature, après avoir touché
toutes ces coquettes petites plantes qui vous sont in-
connues et qui croissent dans les petits ruisseaux bor-
dant cette étroite route, un autre spectacle qui vous
inspire la crainte, l'effroi, vient vous frapper. La
route, en contournant, est creusée dans une roche
pourrie qui menace continuellement, par des avalan-
ches qui s'en échappent, le voyageur dont les yeux
suivent anxieusement la direction de chaque petite
pierre qui vient, en roulant, tomber avec fracas dans
le lit de la rivière ou plutôt de ce torrent.

Quand vous êtes engagé à l'entrée de ces gorges et
que vous vous retournez, vous apercevez la coupure
correspondante du Sahel, en traversant de vos yeux
la plaine de la Mitidja dont l'horizon, comme dernier
plan, est la mer.

Retournons à notre point. Après avoir passé les ro-

2

ches pourries, nous arrivons, toujours en montant,
au pont de l'Oued-Merja, et la route alors, après l'a-
voir traversée, se dirige à droite de la Chiffa qu'elle
côtoie jusqu'à l'Oued-Ouzera, et revenant ensuite au
sud-ouest, elle ne tarde pas à contourner le Djebel-
Nador (*djebel* veut dire montagne), pour arriver, toujours en montant, à Medeah. Cette ville occupe une
altitude de 940 mètres au-dessus du niveau de la mer
et 36° 25' de latitude nord, sur un plateau incliné au
sud-est. Alger ayant pour latitude 36° 47' 20" nord,
il en résulterait que la différence entre l'une et l'autre :

Alger.... 36° 47' 20"
Medeah, 36° 25' 00" } serait de 32' 20".

Si j'applique des chiffres, nous trouverons de suite
la distance à vol d'oiseau :

La minute est de........ 1852^m
La seconde est de....... 30^m 90.

Ce qui fait que la distance est égale à 22 (1852) + 20
(30.90) = 41.362, autrement 41 kilomètres 362 mètres;
tandis qu'en suivant la route en passant par Blidah il
faut parcourir 90 kilomètres.

Il m'est agréable d'appliquer ce petit calcul qui sera
d'une très grande utilité dans la suite de mon travail,
et en même temps qui démontre que si je me sers
d'altitude pour naturaliser mes plantes, je puis leur
trouver une place en me servant d'une échelle croissante d'élévation et décroissante de chaleur.

Je reviens à Medeah, ville dans laquelle je prendrai

un repère, car j'y trouve une zone particulière qui, par sa culture et ses végétaux spéciaux, me donne une assimilation, non au territoire africain, mais bien aux territoires français, espagnol, italien, etc., en ce qui concerne la zone du sud de la France, le nord des autres puissances du bassin méditerranéen, à l'exception de la Turquie d'Europe. En effet, on y rencontre tous les arbres fruitiers du centre de la France, ainsi que les arbres forestiers; les ormes y sont très nombreux et y croissent d'une façon toute particulière.

Les environs sont couverts de vignobles qui donnent des vins déjà renommés et dont la qualité s'accroît tous les jours. Le cépage est le Pineau, le Gamey. Je consacre un chapitre particulier sur les vignobles introduits ou à introduire.

La culture des céréales est fort belle; elle alimente plusieurs minoteries. Les asperges, les groseilles, le cassis, etc., y croissent très bien; la récolte des fruits y est généralement abondante. Je citerai avec plaisir le commandant Breauté, viticulteur distingué, médaillé à la grande Exposition de 1855 pour la fabrication de ses vins et le choix des cépages importés dans ce nouveau pays de colonisation.

En quittant Medeah, la route qui conduit dans le sud monte toujours en dessinant par ses contours aperçus de loin les accidents du terrain, et arrive, après avoir traversé ces hauts plateaux remarquables par les terrains compactes et leur aridité, à Ben-Chicao, ancien poste télégraphique aérien, smala de spahis et bergerie du gouvernement. Cette bergerie a, dit-on, rendu de grands services aux indigènes par l'introduction de nouvelles races ; elles ont permis, par des croisements, de favoriser le commerce des laines qui est un des principaux du sud.

La montagne sur laquelle est situé le télégraphe aérien se nomme le Djebel-Hassen-ben-Ali, dont la hauteur au-dessus du niveau de la mer est de 1,244 mètres. Une vaste plaine s'étend au-dessous de ce mamelon et va se perdre, en forme de gorge et par des pentes rapides, au pied des montagnes qui l'entourent ; elle est entièrement cultivée par les Kabyles qui habitent ces montagnes et les vallées à vingt ou trente kilomètres sud-est Medeah. Leur pays est très bien boisé dans certaines parties et fournit à cette ville des bois de construction et de chauffage.

En quittant Ben-Chicao, la route commence à descendre et traverse une forêt de chênes-liéges appelée forêt de Saint-Fernando ; elle a été concédée à un nommé M. Jean qui l'exploite. Une grande partie de ces chênes-liéges a été déjà dépouillée de son écorce vierge, et dans cinq années ces arbres offriront à leur concessionnaire un rapport assuré. Cette forêt se trouve à environ 900 mètres d'altitude. Tout à coup la route se détourne et serpente sur les flancs de cette montagne, en découvrant à vos yeux une vaste plaine légèrement mamelonnée et couverte par intervalles de bouquets de bois. C'est là que la fameuse tribu des Chorfa, fraction administrative des Abid, avec lesquels ils sont mortifiés d'être confondus, eux la fleur de la noblesse musulmane ; c'est là, dis-je, que cette tribu a planté ses tentes et fait paître ses troupeaux.

Au milieu de cette plaine toute couverte de verdure

à l'époque où je la traversai, et que j'ai trouvée des-
séchée à mon retour, est implantée la commune de Ba-
ragouia, annexe à celle de Medeah. A deux kilomètres
de là on trouve une smala de spahis, près de laquelle
il existe des sources thermales acidulées, ferrugi-
neuses, dont la température est de 41 degrés centi-
grades; elles sont très abondantes; elles tombent en
bouillonnant dans un bassin naturel creusé dans le
roc et servant de piscine aux Arabes et à nos soldats.

Après avoir successivement traversé cette plaine
occupée par ces tribus et des forêts de sapin et de
tuya, j'ai été témoin d'un spectacle tout nouveau pour
moi, c'est d'avoir ressenti les fureurs du siroco ou
simoun.

Imaginez-vous voir le ciel légèrement s'obscurcir sans
cependant qu'aucun nuage ne vienne troubler sa sérénité, le temps peu à peu devenir nébuleux, une chaleur
molle, mais non insupportable. Cela se passait le matin
et au fur à mesure que le soleil se levait. Des bouffées
de chaleur vous arrivaient de temps en temps et toujours par moments de plus en plus rapprochés. La
chaleur augmentait, et le vent s'élevait d'une telle
force que quand les courants sortaient des gorges des
montagnes où ils étaient comprimés, ils s'élançaient
avec impétuosité, emportant avec eux des tourbillons
de sable et de poussière en produisant un bruit qui
étonne le voyageur. Ce bruit, semblable au roulement
lointain des vagues de la mer qui se brisent sur les
falaises, devient de temps en temps plus aigu en traversant les pousses tendres des pins et des autres arbres, qu'il grille comme les flammes d'un incendie.

Le vent était alors au sud, et mon guide me fit remarquer qu'il ne tarderait pas à passer au sud-est, qu'il deviendrait alors beaucoup plus chaud, et qu'il faudrait s'arrêter. En effet, sur les quatre heures du soir, au milieu de la plaine du haut Chelif, une chaleur suffocante coupait la respiration, des nuages de poussière se succédaient avec une vitesse incroyable, et je me voyais obligé de me tapir dans quelques crevasses, qui se trouvent si communément sur les bords du haut Chelif, et d'attendre que cette tourmente fût passée. Gsar-Boghari était auprès de nous et mon désir était de m'y rendre, pressé par la soif et la fatigue d'avoir supporté toute la journée les effets de ce vent, effets qui vous anéantissent.

Enfin, après bien du mal, après m'être essuyé bien des fois les yeux remplis de poussière, nous arrivâmes à Gsar-Boghari, à son caravanserail, où nous avons joui d'une chère hospitalité en attendant que le siroco, après avoir brûlé tout ce qui était verdure, veuille bien nous laisser passer outre. Cette journée terrible a desséché toutes les récoltes de l'Algérie et a apporté la misère dans toutes ces tribus qui ne pouvaient trouver leur nourriture ni celle de leurs bestiaux.

Un mot sur Gsar-Boghari. Cette petite ville est située sur le bord de l'Oued-Chilif et se trouve à 200 mètres au-dessus du niveau du fleuve, au bord d'un plateau rocheux, à la base duquel s'élève un caravanserail de construction française, devant lequel se tient tous les lundi un marché important; c'est le lieu où se font toutes les affaires entre le Tell et le Sahara.

Les plantes de France, légumes, viennent parfaitement dans ce pays et croîtraient admirablement si le siroco ne les dérangeait pas.

Les eaux pures y sont très recherchées; celles que l'on y rencontre sont en général saturées de sulfate de magnésie, et ce qui le prouve, c'est qu'au moment des pluies, des infiltrations lentes descendent des pentes peu rapides des montagnes et, évaporées par des changements brusques et violents atmosphériques, laissent de longues traînées de cristallisation efflorescente que vous amassez à pleines mains. Ces lignes, semblables à de la neige, d'une blancheur irréprochable, fatiguent l'œil, surtout quand elles sont éclairées par les rayons solaires.

Ces eaux sont saumâtres et légèrement purgatives; il est bien rare en cette contrée africaine de rencontrer des eaux propres à l'alimentation.

Me voilà enfin à Boghar, lieu qui est la limite de mon travail; encore sera-ce un lieu susceptible de peu d'expériences. Il était utile que je fasse connaître la description de cette aride contrée, afin de faire comprendre à ceux qui chercheraient à s'y établir que la terre y est trop ingrate pour la production des végétaux.

Borar ou Boghar est chef-lieu d'un cercle qui relève de Medeah et est situé sur l'autre rive du Chelif et à quatre kilomètres nord-ouest de Gsar-Boghari. C'est une belle redoute bâtie sur la pente rapide des parties supérieures d'une montagne qui forme à l'ouest l'entrée de la vallée du Chelif, dont elle commande les abords. Son altitude est de 900 mètres. Cette grande élévation lui donne de tous côtés d'admirables vues, au nord sur le Sahel, au sud sur les vastes steppes que le regard franchit jusqu'à une distance de quatre-vingt-dix kilomètres; aussi Borar porte le nom de balcon du sud. La ville est séparée en deux; les bâtiments de l'administration sont renfermés dans la redoute, au-dessus de son enceinte. Sur ce plateau se trouve le bureau arabe et au-dessous une pépinière qui est une charmante promenade. Je saisis avec bonheur cette occasion pour adresser mes compliments les plus sincères au brave soldat laboureur qui sait si bien appliquer la science à faire croître sous ce climat rebelle plusieurs variétés de chênes, les saules pleureurs, les peupliers, des platanes, les ormes, les aulnes, les arbres fruitiers français et tous les arbres résineux. Honneur au commandant Douceot, qui laissera des traces d'acclimatation des végétaux à cette petite population, qui apprendra par ses besoins à les propager de son mieux !

Ce pays si aride ne peut admettre que de petites cultures, encore faut-il rechercher des endroits favorables, et, pour vous le démontrer, j'en laisse la description à M. Fromentin, qui a le talent de décrire la nature aussi bien qu'il la peint :

« Cette vallée ou plutôt cette plaine inégale et cail-« louteuse, coupée de monticules et ravinée par le « Chelif, est à coup sûr un des pays les plus surpre-« nants que l'on puisse voir; je n'en connais pas de « plus singulièrement construit, de plus fortement « caractérisé, et même après Gsar-Boghari c'est un « spectacle à ne jamais oublier.

« Imaginez-vous un pays tout de terre et de pierres

« vives, battu par des vents arides et brûlé jusqu'aux
« entrailles ; une terre marneuse, polie comme de la
« terre à poterie, presque luisante à l'œil tant elle est
« nue, et qui semble tant elle est sèche avoir subi
« l'action du feu ; sans la moindre trace de culture,
« sans une herbe, sans un chardon ; des collines hori-
« zontales que l'on dirait aplaties avec la main ou
« découpées par une fantaisie étrange en dentelures
« aiguës formant crochet, comme des cornes tranchan-
« tes ou des fers de faulx, au centre d'étroites vallées
« aussi propres, aussi nues qu'une aire à battre le grain ;
« quelquefois un morne bizarre encore plus désolé,
« si c'est possible, avec un bloc informe posé sans
« adhérence au sommet comme un aérolithe tombé là
« sur un amas de silex en fusion, et tout cela d'un
« bout à l'autre, aussi loin que la vue peut s'étendre,
« ni rouge, ni tout à fait jaune, ni bistré, mais exacte-
« ment couleur peau de lion. »

D'ailleurs ni l'été, ni l'hiver, ni le soleil, ni les
pluies qui font verdir le sol sablonneux et salé du .dé-
sert lui-même ne peuvent rien sur une terre pareille ;
toutes les saisons lui sont inutiles, et de chacune d'elles
elle ne reçoit que des châtiments. Rien de vivant ni
autour de nous, ni devant nous, ni nulle part, si ce
n'est le cri des aigles ou des oiseaux voyageurs inter-
rompant cette monotonie, qui, après avoir cherché
leur nourriture dans des lacs lointains, regagnent les
montagnes boisées de Borar.

Il serait donc inutile d'aller chercher une végétation où tout manque. Le voyageur stupéfait hésite
encore s'il doit traverser ces interminables steppes.

Après avoir donné la description de ces lieux, il me reste encore à présenter celle des fleuves et affluents qui sillonnent cette province, pour que les eaux, qui sont d'un si grand secours à l'agriculture, puissent en ce pays, selon leur manière d'être en ces contrées, être aménagées et appropriées aux besoins de la colonie.

A sa naissance tout fleuve ou rivière est un ruisseau tortueux, duquel l'hiver fait un torrent et que les premières ardeurs de l'été épuisent jusqu'à la dernière goutte. Il se creuse tantôt dans la marne molle ou dans les diverses argiles un lit boueux qui ressemble à une tranchée, ou plutôt à l'effet d'un cataclysme représentant une profonde crevasse qui se serait formée par la séparation de deux montagnes; même dans les plus fortes crues il traverse ces plaines et ces vallées sans les arroser, et creuse souterrainement des canaux immenses qui déterminent des affaissements et des tremblements de terre partiels qui inquiètent tout un pays.

Les bords, taillés à pic dans le rocher, sont aussi arides que le reste, et les eaux qui coulent dans ce lit resserré entraînent avec elles des morceaux de rochers énormes qui approfondissent avec fracas cette étroite ornière, dans laquelle, malgré tout, poussent quelques pieds rares de lauriers-roses, poudreux, fangeux et salés, qui délimitent le niveau des grandes eaux.

D'autre part, ce sera un site magnifique, une nappe d'eau silencieuse, traversant une plaine abritée des mauvais vents par des collines qui l'entourent. C'est là, dans cette terre d'une fertilité sans égale, que vous pouvez jouir de la beauté de ces plantes, de ces fleurs que la nature cultive seule en ces lieux, et qui font naître chez vous le sentiment de jalousie et d'envie.

III.

GÉOLOGIE DE LA PROVINCE D'ALGER.

Si j'examine le résultat précédemment décrit, je remarque que la surface de la terre algérienne se compose de plaines, de dépressions, de parties plates ou légèrement montueuses, ou de terres élevées formant des plateaux successifs, des montagnes, des crêtes, des pics qui en forment la partie osseuse.

Au milieu de ces massifs de hautes terres limitées d'une manière plus ou moins complète par leurs versants aux formes multiples, s'étendent de grandes vallées, de vastes plaines, qui en sont comme la contrepartie, comme le complément.

Deux faits caractéristiques doivent nous occuper en ce moment; ils se rattachent à la culture des plantes et à leur naturalisation : la géologie proprement dite des lieux élevés, leur formation, leurs terrains, ainsi que la géologie des plaines, leur fertilité, leurs alluvions, dépendantes des terrains qui se prêtent à leur formation.

D'après les grandes observations faites jusqu'à ce jour, la moyenne partie des terrains de la côte de Barbarie est ce que l'on appelle terrains schisteux, ou, pour mieux dire, la formation suowdonnienne ou le système cambrien de ce terrain.

Tout le massif du mont Bou-Zarea, qui s'élève à

410 mètres au-dessus du niveau de la mer dans le port d'Alger, situé au pied de cette montagne, est composé d'une masse calcaire de 150 mètres d'épaisseur, qui change de couleur et forme les couches dites de calcaire gris, bleu turquin, bleu turquin carburé, blanc saccharoïde ou sublamellaire, etc., etc., que l'on voit passer souvent au schiste par degrés insensibles. Au-dessus du calcaire vient une masse schisteuse de 400 mètres de puissance, composée d'un phyllade talqueux passant au talschiste, dont les couleurs les plus habituelles sont le blanchâtre argentin, le vert, le bleu clair, le violacé, et rarement le noir.

Ce terrain s'étend le long de la côte jusqu'à cinq lieues à l'ouest d'Alger, après avoir disparu près de cette ville sous le terrain subatlantique ; il se retrouve à quatre lieues environ à l'est du cap Matifou, d'où il s'étend ensuite fort loin le long de la côte, et constitue probablement le fond de la grande plaine qui lui est contiguë (la Mitidja).

Disons un mot de ces terrains subatlantiques. C'est un ensemble de marne et de calcaire observé aux environs d'Alger et d'Oran ; ils forment plusieurs contreforts de l'Atlas. L'assise aux environs d'Alger est formée de strates, de grès calcarifères ou de calcaires à coraux qui alternent avec des sables tantôt rouges, tantôt jaunes ; les grès sont rouges ; ils doivent cette couleur à l'oxyde de fer ; l'épaisseur de cette assise est de 20 à 50 mètres. L'assise inférieure se compose de marnes bleues qui présentent des couches subordonnées d'un calcaire marneux grisâtre ; la puissance de cette assise est de 200 à 300 mètres. Ces masses ne sont jamais stratifiées ni schisteuses; en se desséchant, elles se divisent en une infinité de fragments irréguliers; elles font pâte avec l'eau. La hauteur moyenne des collines subatlantiques dans les environs d'Alger est de 1,100 mètres au-dessus du niveau de la mer; d'autres, comme l'Ahouara, s'élèvent à 1,273 mètres, tandis que d'autres, comme celles qui avoisinent Medeah, ne s'élèvent qu'à 800 mètres. Ces terrains sont identiques avec ceux qui se trouvent en Italie, de chaque côté de l'Apennin, en France, en Provence, ainsi que l'a décrit M. Boblaye, à partir de Coleah jusqu'au Chenouan, c'est-à-dire à l'ouest-est d'Alger.

Ces terrains appartiendraient à l'étage supérieur supercrétacé, c'est-à-dire à l'étage subapennin; ils s'élèvent jusqu'à 250 mètres. Les couches en sont fort accidentées du côté de la mer, c'est-à-dire au nord; elles se relèvent vers le nord, se dirigeant d'abord vers l'ouest-sud-ouest, ensuite à l'ouest, comme le rivage.

Près d'Alger s'étendent les couches d'un calcaire rempli de coquilles passées à l'état spathique, avec du grès et des lits d'argile qui forment un dépôt supérieur à celui qui compose les collines du littoral.

En approchant de Cherchell, on remarque une grande série de marnes bigarrés, de grès siliceux, de calcaires jaunes, violets, verts, de gypse et de conglomérats qui paraissent appartenir à la fondation keuprique ou trias.

Les collines qui bordent la Mitidja au sud paraissent être entièrement porphyriques.

Parlons un peu maintenant de cette formation liasique qui représente dans le petit Atlas le terrain jurassique : elle se compose de marnes schisteuses alternant avec des strates de calcaires marneux.

Ces marnes offrent une large cassure conchoïdale, comme celle du lias d'Europe ; elles sont souvent terminées par des veines de calcaire spathique et de fer hydraté.

Lorsque l'on a franchi le col de la Mitidja vers Milianah, on voit s'étendre le second étage du terrain supercrétacé ; il se compose d'une grande épaisseur de marnes bleues formant le fond des vallées et de calcaire jaune sablonneux qui les recouvre. Ce dépôt constitue de hauts plateaux entièrement nus, séparés par de larges vallées, dont les flancs d'abord en pente douce se terminent ensuite d'une manière abrupte.

Sur la route de Milianah, avant d'arriver à Borg-Boua-Louan, le calcaire de cet étage est compacte, pisolitique et rempli de nodules siliceux. A Medeah, c'est tantôt une roche à grains fins et jaunâtres, tantôt une roche qui se désagrége, de manière à donner naissance à des collines de sables. Entre les calcaires et les marnes on voit une base d'huîtres à un niveau constant.

Ce second étage couvre tout l'espace compris entre les montagnes des Beni-Sala, du Mouzaïa et du Soumata, ainsi que la vallée du Chelif, et il paraît s'étendre fort loin dans le sud et à l'est de Medeah.

Les monts Srigha et Zachar, élevés de 1,500 à 1,600 mètres, ne sont que le prolongement des montagnes susdésignées et appartiennent à la formation liasique. Milianah est à 800 mètres au-dessus du niveau de la mer.

Borar et Gsar-Boghari, opposés sur les rives du Chelif, reposent sur les mêmes terrains.

La péninsule hispanique, comprenant le Portugal et l'Espagne, se trouve composée des mêmes terrains, à l'exception, dans sa plus petite partie, des lieux où les terrains granitiques ou primitifs apparaissent. C'est comme dans la péninsule orientale, le Bosphore ou le canal de Constantinople présente une chaîne de collines interrompues seulement par des vallées très fertiles; mais lorsque l'on se dirige vers la mer Noire, on trouve des indices de volcanisation qui passent au basalte et aux terrains qui portent ce nom.

Mais cela n'est qu'une partie osseuse décrite de ce pays africain. Il faut maintenant, pour l'agriculture, en sortir ses effets bienfaisants, c'est-à-dire en expliquer ses alluvions ou la formation de ses terrains arables.

Alluvions des plaines, leur formation. terrains arables en général.

Les vastes plaines, comme je l'ai dit plus haut, sont enfermées, encaissées dans les hautes montagnes, dont les versants, plus ou moins abruptes, sont sillonnés d'innombrables ravines qui, gonflées par les pluies torrentielles, accumulent sur les plateaux des eaux qui forment à leur base mille courants.

Ces montagnes sont tantôt nues, arides, tantôt couvertes de vastes forêts; tantôt elles sont cultivées et fournissent d'abondantes récoltes : toutes coopèrent à la formation d'un humus ou terre végétale.

Les roches exposées à l'action des agents atmosphériques ont une tendance générale à se fendiller et à se désagréger; il en est même beaucoup qui se décompo-

sent. La partie la plus superficielle recevant les parti-
cules transportées par les vents et les eaux pluviales,
tend à se couvrir d'une végétation herbacée; puis les
végétaux, en se développant et se décomposant, déterminent la production d'un humus, comme je l'ai dit
plus haut. Sur les terrains en pente ou dans le fond des
vallées, lorsque le sol est parcouru par les eaux pluviales et courantes, il peut se produire des modifica-
tions considérables dans le régime de la végétation.
Tel terrain pourra successivement être couvert par les
eaux, envahi par les sables et les alluvions ou placé, au
contraire, dans les conditions les plus favorables au
développement des végétaux.

Chaque formation géologique donne, par consé-
quent, ses alluvions, et ces alluvions jouissent en agriculture de propriétés différentes qui conviennent particulièrement à certaines familles de végétaux.

La plaine de la Mitidja, cet immense dépôt d'alluvions, est un exemple frappant de ce que je viens de
citer : toutes les montagnes qui l'entourent, lavées par
les eaux pluviales, sont la source abondante de cette
puissante couche d'humus qui rend cette plaine si fertile. Toutes ces formations géologiques lui apportent la
silice, le calcaire, l'argile, le feldspathe, l'oxyde de fer
et le carbone fourni par les décompositions végétales.

Ces décompositions végétales sont tellement importantes qu'elles méritent d'être corrigées par l'écoulement des eaux et des plantations, car les unes entraînent avec elles des sels trop abondants, et les autres se
nourrissent de l'acide carbonique, de l'azote et de
l'ammoniaque qu'elles exhalent dans l'atmosphère par

leur partie verte. Ce serait le seul moyen d'assainir ces plaines avant de les coloniser.

Je citerai la ville de Boufarik, qui est aujourd'hui un centre d'agriculture et de diverses industries.; elle le doit à son sol assaini. Mais combien de malheureux colons ont été victimes des gaz méphitiques, des miasmes qu'exhalait cette terre promise; combien de familles ont sacrifié leur vie pour chasser ces fièvres pestilentielles.

Si la plaine de la Mitidja était canalisée, que les concessions faites par l'État fussent cultivées, elle serait le grenier d'abondance de toutes espèces de produits, car le climat, la fertilité de son sol et ses eaux bien dirigées se prêteraient à toutes espèces de cultures.

J'ai parlé jusqu'à ce moment des basses plaines; mais il y a d'autres terrains qui fixent votre attention; ce sont ceux qui sont composés ainsi qu'il suit :

Terre végétale avec humus, terre meuble sans humus, roche en place décomposée, roche vive non décomposée; le tout avec une perméabilité lente qui assure l'écoulement des eaux sans déterminer un asséchement rapide.

Ils se trouvent répartis sur la surface de la terre en forme de plateaux, en forme de pentes, mais qui alors n'auront pas une inclinaison en dessous de 15 à 20 degrés et ne seraient pas exposés à être ravinés par les eaux.

En thèse générale dans la configuration de l'Algérie, les terrains qui constituent les hauts plateaux sont moins fertiles que ceux qui sont placés immédiatement

3.

en dessous d'eux, et cela se comprend aisément, car les alluvions qui occupent la base sont formées aux dépens de ceux-ci, et plus une montagne sera élevée et la pente rapide, plus les eaux auront de force, et, conséquemment, entraîneront au loin les détritus de roches, marnes, argiles et plantes qui servent à les former.

On voit par tout ce qui précède combien sont intimes et nombreux les liens qui unissent les études géologiques et agricoles. Mais tout n'est pas complet, il faut encore une étude sur le climat africain et chercher dans les altitudes ses variations, tout en les utilisant sur notre continent, et *vice versâ*.

IV.

CLIMAT.

Si la surface de la terre était partout homogène, la distribution de la chaleur y serait déterminée par les latitudes, le mouvement du soleil et les phénomènes qui en sont la suite; mais il n'en est pas ainsi pour une surface composée de parties hétérogènes de terres et de mers qui agissent différemment par leurs pouvoirs émissifs et absorbants. Les configurations de ces parties, leurs positions, leur étendue relative, la hauteur des terres au-dessus des eaux, la nature du sol, l'abondance ou l'absence de végétation, ne permettent pas de faire une loi générale désignant le climat d'un lieu quelconque inconnu. Ce n'est donc qu'en tenant compte des lois naturelles, et par comparaison, qu'on peut arriver à trouver dans une petite zone une table d'acclimatation se rapportant aux altitudes et aux dispositions et conformations des terrains.

Je cite à cet effet la définition du mot climat par M. de Humboldt :

« L'expression de climat, dit M. de Humboldt, prise « dans son acception la plus générale, sert à désigner « l'ensemble des variations atmosphériques qui affec- « tent nos organes d'une manière sensible : la tempé- « rature, l'humidité, les changements de la pression « barométrique, le calme de l'atmosphère, les vents, « la pureté de l'air ou la présence de miasmes plus ou « moins délétères, enfin le degré ordinaire de trans- « parence et de sérénité du ciel ; cette dernière donnée « n'influe pas seulement sur les effets du rayonnement « calorique du sol, sur le développement organique « des végétaux et la maturation des fruits, mais en- « core sur le moral de l'homme et ses facultés. »

C'est donc en suivant ces faits dictés par le savant M. de Humboldt que je vais passer en revue ceux dont je dois tenir compte dans la zone que je me propose d'étudier.

Considérations générales et physiques sur les causes de changements de climats.

Dans la zone que je me suis proposé de traiter, la chaleur thermométrique a peu de variations, c'est-à-dire qu'elle varie selon les trois conditions : 1° dimi- nution de la chaleur dans le sens vertical et de bas en haut ; 2° la variation de température pour un degré de latitude ; et 3° le rapport qui existe entre la moyenne température d'une station sur une montagne et la distance au pôle d'un point situé au niveau de la mer.

Cette règle établie ne suffit pas toujours lorsqu'elle sera démontrée pour appliquer aux plantes un lieu propre à leur naturalisation. Il y a des considérations physiques desquelles on doit tenir compte ; elles viennent corriger les degrés de température entre les basses plaines et les lieux élevés qui se trouveraient dans la même latitude.

L'Europe, baignée par la Méditerranée, doit la douceur de son climat à la situation géographique du continent africain, dont les régions intertropicales rayonnent abondamment et provoquent l'ascension d'un immense courant d'air chaud, tandis que les régions placées au sud de l'Asie sont en grande partie océaniques (ou entourées d'eau).

L'Europe deviendrait plus froide si l'Afrique était submergée. A mesure que l'on avance de l'ouest à l'est, en parcourant sur un même parallèle ou latitude la France, la Pologne, la Russie, jusqu'à la chaîne des monts Ourals, on voit la température moyenne de l'année suivre une série décroissante ; mais aussi lorsque l'on pénètre dans l'intérieur des terres, la forme du continent devient de plus en plus compacte, sa largeur augmente, l'influence des mers diminue, celle des vents d'ouest devient moins sensible. C'est dans ces causes qu'il faut chercher la raison principale de l'abaissement progressif de la température.

Les chaînes de montagnes dans tout le bassin méditerranéen partagent la surface terrestre en grands bassins, en vallées profondes et étroites, en vallées circulaires.

Ces vallées, souvent encaissées comme entre des remparts, individualisent des climats locaux et les placent dans des conditions spéciales par rapport à la chaleur, à la fréquence des vents et des orages. Cette configuration, bien comprise de l'homme intelligent et éclairé, exercera toujours une grande influence sur les productions du sol et sur le choix des plantes qu'il peut recevoir. Dans ces conditions, on arrivera à obtenir des cultures spéciales dont les produits seraient très rares et très chers.

Une des principales causes qui jusqu'ici n'ont pas été bien définies, c'est que dans les terres entourées par les mers les moyennes des températures de l'hiver sont bien moins fortes que sur les grands continents.

Dans les premiers le thermomètre ne descend presque jamais au-dessous de 0° T°, tandis que dans les grands continents on supposerait que cette masse compacte, immense, est avide de chaleur, et la conductibilité en est tellement grande qu'elle absorbe immédiatement tout le calorique que les agents atmosphériques lui apportent des zones tropicales.

Mais un autre fait plus caractéristique que tous les autres est celui-ci : les eaux en évaporation se condensant pour faire place à d'autres, par cet effet engendrent dans l'atmosphère un courant circulaire continuel qui empêche à son tour les gelées. Nous devons donc déduire de ces faits que la mer sert à égaliser les températures. De là, une grande opposition entre le climat des *îles* ou des *côtes,* propre à tous les continents articulés, riches en péninsules et en golfes, et le climat de l'intérieur, d'une masse compacte.

C'est donc en tenant compte de ces faits que nous corrigerons nos températures lorsque nous aurons à nous occuper d'une zone traversant un pays compacte et d'une grande étendue. Or, comme le degré minimum sera d'autant plus froid que la masse sera importante, nous aurons toujours, en lui donnant un degré moyen que nous connaissons, la chance de naturalisation.

Connaissant ces lois physiques et une partie des effets météorologiques qui les modifient, la loi qui suit le décroissement de la chaleur par différentes latitudes, à mesure que la hauteur augmente, est d'une haute importance pour l'acclimatation des végétaux et la géographie des plantes.

D'après les expériences faites par M. de Humboldt, qui a constaté qu'entre les parallèles 30° et 71°, dans l'Europe centrale, la température décroissait uniformément à raison d'un demi-degré du thermomètre par chaque degré de latitude; mais comme, d'autre part, la chaleur diminuait de 1° dans cette région quand la hauteur augmentait de 156 mètres ou de 170 mètres, il en résultait que 78 mètres ou 85 mètres d'élévation au-dessus du niveau de la mer produisent le même effet sur la température annuelle qu'un déplacement de 1° vers le nord en latitude.

Dans les Andes, les observations faites jusqu'à 600 mètres de hauteur ont donné une diminution de 1° par 187 mètres de hauteur. M. Boussingault, trente ans après, a donné 175 mètres dans de semblables obser-

vations, ce qui fait qu'en prenant une moyenne on a
une diminution de 1° de température par 172 mètres
d'élévation.

Dans l'Amérique orientale, d'après les mêmes expériences, le décroissement de température par latitude n'est pas le même. Je citerai ces différences en
m'appuyant sur les latitudes :

Du Labrador à Boston, latitude 42° 21' 28". Différence de température par degré latitude, 0° 80.

De Boston à Charleston, latitude 32° 46' 33" nord.
Différence, 0° 95.

Enfin, de Charleston au tropique du Cancer, 0° 66.

Quant à la zone tropicale, ces différences de température par degré de latitude sont inappréciables, et
en Europe, Afrique, Asie et Amérique, ils ont pour
différence 0° 20

Comme l'équateur divise la terre en deux parties
égales, les observations de température seront les
mêmes pour la zone comprise entre 30° latitude à 45°
au nord, c'est-à-dire arctique, que pour celle sud,
ou antarctique.

Si donc je connais la température maxima et minima
d'un lieu sur le bord de la mer, c'est-à-dire à son niveau, et que je tienne compte des vents d'ouest (vents
régnant dans ces contrées), qui jettent sur les premières terres qu'ils rencontrent les vapeurs que le
soleil enlève à cette vaste étendue d'eau, condensées
sous la forme de nuages dans les parties hautes de
l'atmosphère; si donc je connais cette température et
celle d'un lieu élevé quelconque, je pourrai, en me
servant des parallèles ou latitudes pour abscisses, des

perpendiculaires pour ordonnées, calculer soit le degré de froid ou de chaud de ce lieu, soit celui d'un lieu plus bas ou d'un lieu se trouvant sur une autre latitude. Par ce moyen, toute plante jouissant de toutes ses facultés de prospérité, c'est-à-dire arrivant à une maturation complète en développant au suprême degré ses propriétés de production d'essences, de bases médicinales, de fruits, pourra être transportée dans un autre lieu, sous une autre latitude, pourvu que vous lui donniez une position égale à celle qu'elle avait précédemment, c'est-à-dire son degré de température maxima et minima, son terrain, son abri contre les vents d'ouest, s'il y a lieu.

D'où il découle que l'on peut se rendre une raison du peu de développement de certaines plantes nouvellement introduites dans nos cultures algériennes, et si elles ont une existence souffreteuse, c'est que les études qui devaient diriger le cultivateur de ces plantes n'avaient pas été faites préalablement.

Comme j'ai pris pour type la province d'Alger, il faut autant que possible y rapporter mes opérations. Je vais donc étudier le climat qui doit me servir de base, autrement dit de point de départ.

L'Algérie, située entre le 30° et le 38° parallèle de latitude nord, est ainsi, en moyenne, à une dizaine de degrés du tropique du Cancer, environ deux cent cinquante lieues dans la partie centrale de la zone tempérée arctique. Son climat doit donc être naturellement chaud; mais, comme tous les autres climats de la terre, il est modifié par la constitution physique du pays : d'une température élevée dans les plaines

basses du midi, tempérée dans les montagnes et froide
sur les hauts plateaux exposés au nord.

SAISON FRAICHE. (Climat de la côte.)				SAISON CHAUDE.			
MOIS.	MOYENNE.	MAXIMA.	MINIMA.	MOIS.	MOYENNE.	MAXIMA.	MINIMA.
Novembre........	17°	20°	14°	Mai...............	19°	24°	15°
Décembre.	13°	13°	10°	Juin...............	23°	27°	19°
Janvier..........	13°	15°	9°	Juillet...........	21°	30°	22°
Février.	13°	17°	8°	Août...	26°	30°	23°
Mars.	14°	18°	11°	Septembre......	24°	28°	21°
Avril...........	17°	21°	12°	Octobre.........	21°	25°	18°

Je vais donner également le climat des plateaux de
l'Atlas; c'est à 900 mètres d'altitude environ que les
observations ont été faites.

SAISON FROIDE.				SAISON CHAUDE.			
MOIS.	MOYENNE.	MAXIMA.	MINIMA.	MOIS.	MOYENNE.	MAXIMA.	MINIMA.
Novembre........	11°	23°	0°	Mai...............	16°	26°	3°
Décembre........	8°	18°	0°	Juin...............	24°	30°	11°
Janvier..........	8°	21°	0°	Juillet.	28°	32°	18°
Février.	6°	24°	0°	Août.	28°	35°	22°
Mars.	10°	25°	0°	Septembre......	25°	32°	16°
Avril...........	16°	25°	3°	Octobre.........	19°	30°	8°

Il serait facile de vérifier les lois que j'ai exposées plus haut, en prenant la moyenne des températures des bords de la mer et en en retranchant celles prises sur les plateaux.

Les observations ont été faites à Medeah, à 940 mètres au-dessus du niveau de la mer.

Pour simplifier les opérations, nous avons dit que par degré de latitude, en partant d'un point donné, la température en descendant au sud augmentait dans ces zones d'un demi-degré de chaleur, et diminuait d'autant en allant vers le nord.

Or, le degré se divise en 60′ et la minute en 60″; j'ai donc cherché le coéficient par lequel le nombre de minutes devra être multiplié pour avoir la fraction de degré de chaleur, ainsi que celui d'une seconde.

Un degré de latitude équivaut à un demi-degré de chaleur et s'exprime ainsi à partir du point de départ: $S + T°$ et $N — T°$.

$$\text{Une minute} = 0,00833\ T°.$$
$$\text{Une seconde} = 0,000131\ T°.$$

Si donc nous prenons la différence entre les latitudes d'Alger et de Medeah, nous trouvons qu'il y a, comme je l'ai dit plus haut, 0° 22′ 20″.

Pour avoir donc le degré de chaleur vers le sud, nous prendrons la moyenne de la saison froide d'Alger et nous dirons 14° 50°, comme on peut le vérifier avec le tableau ci-dessus, établi pour Medeah en chaleur linéaire, c'est-à-dire en conservant le niveau de la mer; nous aurons à ajouter les différences:

$$22′ \times 0,00833 + 20″ \times 0,000131 = 0,185946.$$

Donc 14° 50' + 0,185946 sera le total des degrés de chaleur que devrait posséder la ville de Medeah si elle n'était pas à 940 mètres au-dessus du niveau de la mer.

Il y aura donc à retrancher de ce total :

$$14° 50' + 0,185946 = 14° 685946,$$

négligeant les décimales et portant 14° 69 le quotient de l'opération 940 mètres altitude divisé par 172 mètres, formant la division de degrés de froid à retrancher de 14° 69, puisque nous avons admis que 172 mètres de hauteur donnaient un degré de froid.

$\dfrac{940}{172} = 5° 460$; si je retranche de 14° 69, il me restera 9° 23.

Si l'on veut bien se reporter au tableau donnant la moyenne par mois de la saison froide de l'Atlas, on trouvera que la moyenne est de 9° 50 ; donc la différence de 0° 27 est peu appréciable. Il n'en serait point ainsi dans la saison chaude, qui commence sur les plateaux à devenir presque uniforme ; il faudrait alors avoir recours aux différences exprimées plus haut. Nous opérons donc toujours avec la moyenne des six mois de la saison froide, attendu que c'est dans ce laps de temps que la plante est le plus exposée à perdre sa vitabilité.

Le climat de l'Algérie rappelle celui de l'Italie, de l'Espagne, de la France, du Portugal, etc., etc.

La moyenne thermométrique d'Alger dépasse en température de 1° 11 celle de Malte ; 1° 66 celle de Malaga ; 2° 22 celle de Madère ; 5° 90 celle de Rome ;

5° 55 celle de Nice ; 7° 22 celle de Pau. Ces différences portent plutôt sur la saison chaude que sur la saison tempérée.

Il sera donc désormais facile, en recueillant une plante, de pouvoir se rendre compte de son climat, et, par ce moyen, d'avoir à sa disposition tous les besoins qu'elle pourra exiger pour croître dans toute sa vigueur.

Si donc les botanistes qui explorent ces zones, qui font le tour de la terre, prenaient des renseignements suffisants, nous arriverions à doter la France et les puissances du bassin méditerranéen d'une grande partie des principaux produits que la navigation apporte à grands frais de pays lointains où les plantes y sont spontanées.

Je n'ai point, en disant cela, la prétention de forcer les limites de température qu'exige chaque plante, et si l'on parcourt les diverses cultures réparties sur le globe, nous trouvons en première ligne dans les zones équatoriales, en remontant vers les pôles, la proportion de culture caractérisée par les plantes ci-dessous dénommées :

La Vanille, le Cacao, le Pisang et le Cocotier ; puis l'Ananas, la Canne à sucre, le Caféier, le Dattier, le Citronnier, l'Olivier, le Châtaignier franc et la Vigne.

Je reprendrai successivement les familles de ces plantes, qui doivent intéresser nos colons, et, en même temps, celles qui peuvent croître dans les terres du bassin méditerranéen.

V.

Forêts.

Le climat de l'Algérie, d'après les phénomènes météorologiques qui viennent d'être exposés, ne présente
donc pas, comparé à celui du sud de l'Europe, des
différences bien sensibles; elles peuvent se résumer
ainsi : moins froid l'hiver et un peu plus chaud l'été,
surtout d'une chaleur plus constante et plus soutenue.
Il suit de là que dans certains lieux, toujours selon les
altitudes de ceux-ci, le régime végétal doit être ré-
parti selon des conditions presque analogues et pro-
portionnées aux degrés de chaleur, etc., etc., devant
placer les plantes dans leur état normal.

Les forêts de l'Algérie sont divisées en trois zones :

1° La zone qui se trouve sur le littoral et sur les penchants du Sahel, et qui s'élève à environ 500 mètres
au-dessus du niveau de la mer, est garnie de forêts qui
ne sont que des broussailles compactes qui s'élèvent
rarement à la hauteur de quatre mètres. Les voisinages
de la mer, les influences climatériques, jointes à l'action longtemps prolongée et éminemment destructive
des pâturages et de l'incendie, ont amené cet état de
choses qu'il ne faut pas espérer pouvoir changer avant
de longues années.

2° La deuxième zone se trouve entre le littoral et le
Tell; elle renferme des arbres qui donnent des char-
pentes légères et utiles à la production du pays.

3° Enfin la troisième zone renferme de vastes forêts que l'on peut exploiter ; c'est cette chaîne de montagnes qui passe par Tiharet, Teniet-el-Had, Borard ou Boghar, Aumale et Setif. Mais, malgré que les ressources actuellement existantes de cette zone soient considérables, il ne faut pas espérer en retirer un revenu important pour les provinces d'Alger et d'Oran, vu l'éloignement de ces contrées et les difficultés de transport.

Les principales essences qui composent les richesses végétales et forestières de l'Algérie, et qui habitent de préférence les penchants des monts Atlas et le Sahara algérien, peuvent se répartir ainsi qu'il suit dans chacune des familles naturelles :

Cupressinées.

Cupressus semper virens,	Cyprès toujours vert.
Juniperus phœnicea,	Genévrier de Phénicie.
Juniperus occicedrus,	Genévrier oxicèdre.
Callitris quadrivalvis,	Tuya de Barbarie.

Abiétinnées.

Pinus cedrus,	Cèdre.
Pinus pinea,	Pin.
Pinus maritima,	Pin maritime.

Bétulacées.

Alnus glutinosa,	Aulne.

Cupulifères.

Quercus robur,	Chêne.
Quercus suber,	Chêne-liége.
Quercus pseudosuber,	Faux chêne-liége.
Quercus fontanesii.	
Quercus ilex,	Chêne-vert.

Quercus ballota,	Chêne à glands doux.
Quercus coccifera,	Chêne à kermès-zéen.
Quercus pseudococcifera,	Variété.
Castanea vesca,	Châtaignier.

Morées.

Morus alba,	Mûrier blanc.
Ficus carica,	Figuier.

Ulmacées.

Ulmus campestris,	Orme.

Platannées.

Platanus orientalis,	Platane d'Orient.

Salicinées.

Populus alba,	Peuplier blanc.
Salix aurita,	Saule.
Salix fragilis,	Saule pleureur.

Laurinées.

Laurus nobilis,	Laurier sauce.

Palmées.

Phænix dactilifera,	Dattier.
Chamærops humilis,	Palmier nain.

Oléacées.

Fraxinus excelsior,	Frêne.

Apocynées.

Nerrum oleander,	Laurier-rose.

Éricacées.

Erica arborea,	Bruyère arborescente.

Cactées.

Opuntia vulgaris,	Cactus à raquette.

Tamarascinées.

Tamarix africana,	Tamaris.

Aurantiacées.

| Citrus aurantium, | Oranger. |
| Citrus medica, | Citronnier. |

Acérinées.

| Acer obtusatum, | Érable. |

Ilicinées.

| Ilex aquifolium, | Houx. |

Rhamnées.

| Ziziphus vulgaris, | Jujubier |
| Rhamnus alaternus, | Nerprun. |

Euphorbiacées.

| Ricinus africanus, | Ricin. |

Juglandées.

| Juglans regia, | Noyer. |

Anacardicées.

| Rhus pentaphilla, | Sumac. |
| Pistacea lentistus, | Lentisque. |

Myrtacées.

| Myrtus communis, | Myrte. |

Pomacées.

| Pyrus sorbus, | Sorbier. |

Amydalées.

| Primus cerasus, | Cerisier. |

Papilionacées.

| Cytisus triflorus, | Cytise. |
| Cytisus africanus, | Variée. |

Parmi ces dernières essences de bois qui croissent sur les montagnes et dans les forêts, il y en a qui occupent des lieux déterminés, tel que le Laurier-rose, qui se rencontre toujours sur le bord des torrents et qui aime à avoir les racines baignées par l'eau, tandis que le Myrte croît dans des vallons dont le sous-sol est pénétré soit par des sources, soit par un suintement souterrain des rochers; aussi est-il pour nos colons une preuve concluante pour la recherche des sources et courants d'eau souterrains.

En examinant attentivement la position des lieux couverts par les forêts, on remarquera qu'en gagnant en altitude, les forêts changent d'aspect, d'essence d'arbres, et elles peuvent fournir pour la construction des bois de très bonne nature.

Ainsi, vous trouvez à Birkadem, Kouba, le Châtaignier; à Saint-Ferdinand-Zéralda, quelques Chênes-liéges exploitables, et enfin les Pins, les Cèdres, qui à eux seuls forment des forêts d'une grande étendue; telles sont les forêts de Boghar et de Teniet-el-Had. Beaucoup d'autres arbres inconnus à cette terre peuvent y trouver une riche végétation et doter cette contrée encore aride et sauvage de produits végétaux fort importants.

Prairies.

Les prairies africaines sont la plupart naturelles. Elles sont composées de plantes qui ne sont pas toutes bonnes à la nourriture des bestiaux; aussi auprès d'une plante très saine vous rencontrez des poisons tellement violents qu'ils provoquent la mort chez les bœufs et les moutons, l'avortement chez les vaches; j'ai pu plusieurs fois constater ces faits.

Tout en examinant les diverses plantes qui font par-

4

tie de ces prairies, je ferai ressortir les familles de celles que l'agriculture devra choisir pour ses prairies artificielles.

Ces plantes sont spontanées à l'Algérie, ou sont importées par des agriculteurs européens qui sont venus fonder en ces contrées africaines des établissements industriels.

Je ne dirai rien sur la confection des prairies artificielles : MM. Dombasle, Thouin, etc., etc., ont résolu la question d'une manière complète; on se reportera donc aux ouvrages qu'ils ont publiés à cet égard. Néanmoins, il existe sous ce climat une sécheresse tellement grande, que l'eau est un des agents les plus précieux pour la fécondité du sol. On devra donc chercher tous les moyens possibles pour utiliser cette eau; d'elle dépendent la richesse et la fertilité du terrain : d'où vient que tout terrain doit être choisi toujours légèrement en pente, de façon à pouvoir employer convenablement toute l'eau que l'on aurait à sa disposition.

Je ferai observer au lecteur que toutes les considérations traitées dans des chapitres différents sont autant de petites lois naturelles aux pays chauds que je comprends dans ce Mémoire. Tout en traitant des sujets particuliers, je ne puis donc me dispenser de relater les lois physiques et attributives de cette zone pour déterminer les besoins des nouvelles plantes qu'elle peut recevoir.

D'après les observations faites en France, on a remarqué que sur 42 variétés de plantes il n'y en avait que 17 de convenables à la nourriture des bestiaux;

que dans les hauts prés, sur 38 espèces, que 8; et enfin dans les prairies basses il n'y en avait que 4 d'utiles sur 29.

Ces recherches n'ont pas encore été faites en Algérie, où la chaleur doit entretenir dans ces sortes de prairies spontanées des plantes inutiles ou nuisibles en beaucoup plus grande quantité qu'en France, en Italie, en Grèce, en Espagne, etc., etc.

Or, les prairies, disons-nous, sont spontanées, et les plantes qui les forment ou composent se divisent en trois catégories :

1° Utiles ; 2° inutiles, parasites ; 3° malfaisantes.

Les premières appartiennent aux grandes familles des Légumineuses et Graminées ; les autres appartiennent à divers groupes.

Si un choix de ces plantes était fait et que des terres fussent ensemencées avec les graines, on obtiendrait un fourrage excellent et d'autant meilleur qu'il serait épuré de toutes les plantes vénéneuses qui abondent dans les prairies basses, surtout si elles sont humides ou marécageuses.

En 1844, le gouvernement de l'Algérie avait remarqué que la Luzerne, le Sorgho à sucre et le Maïs croissaient vigoureusement sous ce climat, et les colons eux-mêmes se sont jetés sur ces plantes et en ont fait des prairies artificielles qui donnaient une substance très nutritive et riche en matières azotées. Mais ces prairies ne sont pas durables et ne constituent pas ce qu'on appelle des prairies naturelles ; il faut donc pour les avoir en bonnes conditions se servir des semences des plantes utiles, desquelles on devra retirer celles vénéneuses que je vais citer, afin de prévenir dans toute cette zone, comprise entre le 30ᵉ et le 46ᵉ degré, tout accident qui pourrait être causé par ces plantes, et y apporter remède, s'il y a lieu.

Nous avons dit que les plantes vénéneuses croissaient particulièrement dans les prairies basses, marécageuses ; la plupart des Ombellifères qui croissent dans ces dernières prairies sont narcotiques, tandis que des espèces de cette famille qui poussent sur les montagnes sont aromatiques.

Parmi les Ombellifères vénéneuses des marais on trouve très communément la Ciguë tachée ou grande Ciguë ; l'une des plus vénéneuses plantes de la famille, l'Ananthe globuleuse.

Parmi les Renonculacées, la Renoncule aquatique, des plus dangereuses pour les bestiaux.

La Renoncule tripartita, la Renoncule des marais, la Renoncule à trois lobes, la Renoncule hérissée, la Renoncule ophioglosse, etc.

Euphorbiacées. — L'Euphorbe pubescent, l'Euphorbe véruqueux, l'Euphorbe de Provence.

Colchiques. — Cette plante, qui se trouve dans les marais, jouit d'une propriété très vénéneuse, mais seulement dans la racine.

Je citerai encore la Jusquiame noire, la Mandragore, l'Alkekange coqueret, les Morelles, la Stramoine ou Herbe du sorcier, ou Pomme épineuse, plantes qui se rencontrent dans les prairies, mais un peu partout.

Voilà donc les principales plantes qui doivent être mises de côté. Pour avoir un bon choix, il faut le composer de Graminées et de Légumineuses, parmi lesquelles les plus communes et connues des Arabes sont les suivantes :

En Graminées : l'Halfa, les Lygées et les Stypes. Viennent ensuite les Avoines, les Paturins, les Dactyles, les Alpistes, les Bromes, les Fétuques, le Mil, le Dis des Arabes *(Arundo festucoïdes)* et le Lolium perenne ou Ray-gras.

2° Parmi les Légumineuses : les Lentilles, les Gesses, les Lupins, les Orobes, les Luzernes, les Vesces, quelques Trèfles et des Sainfoins, dont certaines espèces atteignent trois mètres de hauteur: l'Hedysarum coronarium, l'Hedysarum flexicosum. Toutes ces plantes constituent un choix qui, appliqué aux prairies, assurera à ceux qui en feront usage un fourrage très azoté pour les bestiaux, et, conséquemment, très engraissant, et en même temps des prairies durables et d'un choix particulier.

Je laisserai à l'honorable M. Vallier, si connu en ces contrées, le soin d'instruire nos colons par le travail qu'il publie annuellement sous le titre de *Calendrier du cultivateur algérien,* où ils puiseront, comme je l'ai fait moi-même, les conseils émanant d'une longue expérience. C'est là qu'ils trouveront toutes les opérations concernant l'agriculture appropriées au pays, au changement de climat de ces diverses zones, et les moyens de faire produire à ce sol si fertile la récompense due aux bras du laborieux ouvrier qui, faute de connaissances, a sacrifié souvent sa vie et celle de sa famille à l'assainissement des lieux fertiles, qu'il a purgés de leurs émanations putrides par des plantations et l'écoulement des eaux stagnantes.

Je crois avoir assez dit pour édifier mon lecteur sur
la nature de ce pays, sa culture, les soins généraux à
prendre pour la naturalisation des végétaux.

Après avoir étudié les divers changements de température et de climats basés sur les altitudes et les latitudes des lieux, nous allons passer en revue les terres
chaudes ou tropicales et en retirer des considérations
générales, attendu que dans ces contrées tropicales il y
a des montagnes élevées qui, par leur altitude, caractérisent trois zones parfaitement distinctes : celle au
niveau de la mer, qui est la zone torride ; celle de la
moitié, ou du tiers, ou du quart de l'élévation de la
montagne, qui est la zone tempérée ; enfin celle de la
zone froide, avoisinant les glaces et les neiges.

VI.

PLANTES SPÉCIALES A LA ZONE 30° ET 46°,

*Ou pouvant y être cultivées avec succès, d'après l'échelle
climatérique, résultant des altitudes et autres causes.*

J'ai donné plus haut, quand j'ai traité le climat de
l'Algérie, les diverses températures moyennes de chaque mois de la saison chaude et de la saison froide.

La température moyenne de l'année est de 18° 44
dans les basses terres (Alger). Maxima, saison chaude,
22° 33 ; minima, saison froide, 15° 16.

Or, toutes les plantes qui se trouveront dans ce
même climat et même sol auront chance d'être naturalisées dans le sud de l'Italie, la Grèce, l'Espagne, le
Portugal et toute la partie nord de l'Afrique.

J'emprunte donc aux travaux de M. de Humboldt presque tout ce chapitre, dans un ouvrage publié par lui en 1817, à Paris, intitulé : *De Distributione geographica plantarum secundum cœli temperiem et altitudinem montium.*

J'ai besoin de rechercher sous les tropiques et dans les zones comprises entre 0° latitude et 30° s'il n'y a pas de plantes qui, par l'altitude des montagnes sur lesquelles elles croissent, ne trouvent pas un climat égal à celui renfermé, selon les degrés de latitude, dans le bassin méditerranéen, et me fixent sur certaines familles.

La chaleur sur les latitudes boréales et australes prises à 600 mètres au-dessus du niveau de la mer a été, en moyenne annuelle, de 30°-23°.

Le baromètre marquait 762^{mm}47 à 712^{mm}84, comme hauteur.

Je rappellerai aussi que les variétés de température sont bien inappréciables par degré de latitude, à partir de 0° jusqu'à 30°; c'est pourquoi je passerai de suite aux températures moyennes recherchées en Amérique, en Afrique et à la Nouvelle-Hollande.

Ainsi, au port Jackson, de cette dernière partie de l'Australie, par 33° 51' observés par Péron et Hunter, ils ont trouvé une chaleur moyenne de 19° 3; au cap de Bonne-Espérance, latitude 33° 55', observée par Lacaille, 19° 4; à Buénos-Ayres, 34° 36', 19° 7. Les expériences faites en Patagonie, sur la côte orientale et occidentale, ont donné par 34° latitude dans l'hémisphère boréal 19° 8 T°. Bien entendu que les différences pourraient être plus grandes en été qu'en hiver.

Le capitaine Cook, dans son second voyage autour du monde (tom. II, page 310), a noté au mois de juillet, à la Nouvelle-Zélande (Océanie), par une latitude entre 43°-44° australe, une chaleur équivalente à celle répondant au mois de janvier à Rome, latitude 41° 53', l'une étant 8° et 11°, l'autre 11° et 12° 5. Ce fait été souvent constaté dans les îles de l'hémisphère austral, mais au-dessus de 40° latitude. Je le cite comme un fait rare, qui cependant se montre quelquefois.

Maintenant examinons dans les recherches de M. de Humboldt si nous ne trouverons pas des faits qui, étant appliqués, nous serviront de points de repère.

Aux Antilles, à Cumana, Cariaço, Nouvelle-Barcelone, la Gayra, Portocabello, Carthagène, chaleur moyenne annuelle, 27°-28°. La différence entre les mois les plus chauds et les plus froids est de 2° 5 ; la chaleur la plus faible, minima 21° 2, et le maximum 32° 7. Cette chaleur équivaut à celle du mois d'août à Rome, et est un peu moins élevée que celle du mois d'août à Naples, qui a pour latitude 40° 50' 10''; cette ville se trouve à 74 mètres au-dessus du niveau de la mer.

Dans le Vénézula, à 160 mètres au-dessus du niveau de la mer, à Llanos de Calobozo, Apuré de la Nouvelle-Andalousie, chaleur moyenne, 31° 2. Cette chaleur est celle du Caire, en Égypte, au mois d'août, telle que l'auteur Nouet l'a constatée.

Au Pérou, à Lima, à une élévation de 170 mètres, la moyenne chaleur est entre 23° et 25° 5, et pour la nuit 15°-17°. Maxima, 28°; minima, 13°.

Les températures sur le bord des fleuves à Cumanacoa de la Nouvelle-Andalousie, à une altitude de

208 mètres, sont, de chaleur prises, de 23° 5 à 22° ; de nuit, de 18° 5 à 20°.

Sur les rives du Rio-Negro, qui sépare la Guyane du Brésil, altitude 260 mètres : 23°-24° ; nuit, 22° 5.

Turbaco, dans la partie septentrionale de la Nouvelle-Grenade, altitude 372 mètres : chaleur moyenne, 24°.

Fomependa, dans la province de Jaën de Bracamaros, sur les rives de l'Amazone, altitude 400 mètres : chaleur, 25° 8.

L'eau du fleuve est au mois d'août à 21° de chaleur. Cette notion est placée là pour servir de point de départ au chauffage de l'eau dans les aquariums.

C'est dans cette région équatoriale jusqu'au 30° degré de latitude que vous trouverez la Vanille, le Cacao, le Pisang, le Cocotier, les Ananas, les Bananiers, le Mauritia flexuosa, les Héliconia, les Carica, le Cocoloba uvifera. (Consulter Humboldt, page 95, *De Distributione geograph. plantarum,* etc., etc.)

Cette zone, comme toutes les régions du globe, se trouve couverte de montagnes. Ces montagnes vont nous donner sous cette zone une échelle de chaleur décroissante jusqu'au froid le plus intense. Nous ne sommes encore qu'à 600 mètres d'altitude, nous arriverons à 2,200 mètres.

Observations barométriques : 0^m712 84; 0^m593 28.

Le Cocollar, montagne de la Nouvelle-Andalousie, entourée de forêts épaisses bien arrosées, ce qui lui a valu la renommée de salubrité qui lui a été justement attribuée, 816 mètres altitude; la température moyenne est de 17° 5 : jour, 19°-23°; nuit, 14°-16°.

Popayan, ville située entre les montagnes de Sotara et de Puracé, l'une couronnée par un cratère vomissant des flammes, l'autre couronnée par des glaciers et de la neige. Cette région tempérée a été favorisée par la croissance spontanée d'une foule de plantes et arbres. Son altitude est de 1,822 mètres au-dessus du niveau de la mer ; sa chaleur moyenne annuelle est de 18° 7, quand celle d'Alger est de 18° 41 ; cette chaleur pendant le jour est de 19°-24°, et la nuit de 17°-18° ; ce qui représente le mois d'août à Paris, et ce qui invitera les jardiniers horticulteurs de la ville de Paris à sortir des serres les plantes acclimatées de ces pays et de les exposer aux regards avides du public pendant les mois d'août et de septembre.

En descendant les Andes, du côté de l'Ascension, Matara, Scoboni, Mamendoy, Hacienda de la Erre et Voysaco, de 2,000 à 2,100 mètres, la chaleur annuelle est de 20°. — Loxa, du Pérou, ville très agréable à cause de sa douce température, possède une chaleur moyenne de 19° 4 et est située à 2,120 mètres au-dessus du niveau de la mer. C'est dans cette région tempérée, qui n'est autre, du reste, que celle de la Mitidja et celle du Sahel algérien, puisque la température est la même, que nous trouvons ces fameux Quinquinas, dont la découverte a été si utile à la médecine.

Je traiterai dans un chapitre particulier cette famille, et j'espère lui trouver sur les continents européen et africain une place qu'elle mérite à tous égards. Ce qui me donne l'espoir de l'acclimater, c'est que nous les trouvons depuis 2,800 à 3,360 mètres de hauteur, ce qui touche les régions froides.

Je cite quelques plantes qui vivent dans ces régions et qui même leur sont particulières :

Cinchona lancifolia, C. ovatifolia; d'autres variétés Cinchona oblongifolia, C. caducifolia, qui descendent jusqu'à 400 mètres de la mer ; les fameuses Fougères arborescentes, Cyathea speciosa, Cyathea villosa, etc., et un grand nombre de Palmiers : Martinezia caryotifolia, Chamædorea gracilis, Bactrys gachipaër, Oreodoxa montana, Kuntia montana.

De 600 à 1,800 mètres nous trouvons le Justicia caripensis, J. caracassana, Valeriana tomentosa, Cinchona grandiflora, C. caducifolia, Mimosa debilis, Bocconia frutescens, Calceolaria perfoliata, Angeliona salicaria, Passiflora glauca, Dendrobium elegans, Epidendrum antenniferum.

Nous voyons donc ici deux noms de la famille des Orchidées. Espérons que ces plantes inutiles, mais curieuses, pourraient parfaitement être acclimatées en Algérie, placées sous l'ombrage des grands arbres et sur le bord de bassins d'eau douce.

La région froide se comprend depuis 2,200 mètres jusqu'à 4,920.

Hauteurs barométriques : de 0ᵐ 593 28 à 0ᵐ 426 35.

Chaleur moyenne de 2,200 altitude à 3,200, 17° ; — 12° 2, chaleur moyenne annuelle.

Almaguer, ville de la Nouvelle-Grenade, sur le penchant occidental des Andes : altitude, 2,326 mètres ; chaleur moyenne annuelle, 17°.

Pasto, dans la région montueuse, couverte de forêts, entre les villes de Popayan et de Quito : altitude, 2,682 mètres ; chaleur moyenne, 14° 3.

Santa-Fé-de-Bogota : altitude, 2,730 mètres; chaleur moyenne annuelle, 16° 2.

Nota. — Pendant le jour, la chaleur moyenne annuelle varie de 14° à 19°; pendant la nuit, de 10° à 12°.

Le minimum est de 2° 5.

Caxamarca, ville située sur les plateaux si fertiles en orge, qui est à une altitude de 2,928 mètres : chaleur moyenne annuelle, 17° 2.

Quito, aux pieds des montagnes de Rucupichinchœ, à 2,984 mètres altitude : chaleur, 15°.

En un mot, pendant le jour le plus est de 15° 6 à 19° 3; pendant la nuit, de 9° à 11°; mais le thermomètre ne monte jamais au-dessus de 22° et ne descend au-dessous de 6°.

Cette température est la même que celle du mois de mai à Paris. Je constate que je retrouve dans ces régions le Cinchona lancifolia et le C. ovalifolia. Les plantes se trouvent déjà au-dessous de la chaleur du nord de l'Afrique et du sud de l'Espagne : altitude, 3,200 à 3,800 mètres; chaleur, 12° 2 à 5° 5.

Micuipampa, ville du Pérou, auprès des mines d'argent, dans les montagnes d'Hualgonyoc, altitude 3,632 mètres : température, 5° à 9°; pendant la nuit, + 1° à 0° 4.

A Huancavelica, près les mines de cinabre ou mercure, autrefois si renommées, à une hauteur de 3,600 mètres, nous retrouvons la température du mois de mars à Paris.

Enfin de 3,600 à 4,920 mètres de hauteur nous arrivons à la crête des montagnes, dont les sommets couverts de forêts, qui en changent subitement la température, sont soumis à tout ce que les hivers font supporter de plus rigoureux, bourrasques, vents, neiges, etc., etc.

A la hauteur de 4,920 mètres, dans le jour, 1° 6, 4°, 8°, très rare 13°; la nuit, 2° à 4° jusqu'à 6° au-dessous de zéro ; glace.

Le baromètre à cette hauteur marque 0ᵐ 376 724 sur le mont Chimborazi.

Il faut donc conclure, en présence de ces chiffres, que dans les pays chauds couverts de montagnes qui, par leur hauteur, forment des régions particulières, on peut établir trois zones parfaitement distinctes : celle du pied, qui est torride; celle du milieu, qui est tempérée, et celle du haut, qui est la patrie des Quercus (Chênes) et la région froide qui finit aux glaciers.

C'est donc cette région tempérée qui nous occupera; c'est elle qui doit donner à tout le bassin méditerranéen une partie des plantes qui lui sont utiles; c'est elle qu'il faut choisir comme point de départ. Mais ceci n'est pas une donnée certaine , il faut que dans ce que je viens de citer une loi soit vérifiée; si elle arrive à 2° près des observations prises par M. de Humboldt, c'est que je serai dans le vrai.

Je dis 2° près; vous ne doutez pas qu'une forêt qui entourera une montagne par son évaporation produise un phénomène qui aura pour but le refroidissement de l'atmosphère. Il n'en résultera pas moins que la zone sera tout aussi propice aux plantes que si cette différence n'existait pas, à moins que cette chaleur ne soit minima et qu'elle ne donne la mort ou entretienne une influence sur les plantes importées, de façon à les faire vivre d'une manière souffreteuse ; alors il faudrait rejeter la plante qui ne pourrait être naturalisée qu'imparfaitement, ou lui chercher une autre place.

Nous avons dit que la chaleur moyenne annuelle de la zone torride était de 30° maximum à 600 mètres au-dessus du niveau de la mer.

Nous nous demandons quelle sera la chaleur maximum de Santa-Fé-de-Bogota, à une altitude de 2,730 mètres.

Je retranche 600 mètres pour avoir mon unité de départ de chaleur, puisque les 30° T° sont pris à 600 mètres d'altitude, soit :

$$2730 - 600 = 2130 ; \frac{2130}{172} = 12° \, 37 ;$$
$$30° - 12° \, 37 = 17° \, 63.$$

Or, la moyenne de 17° 63 maximum est prise entre 14°-19° ; donc ce calcul est très juste proportionnellement aux distances qu'il mesure pour en retirer le le degré de chaleur approximatif.

Prenez, par exemple, dans cette zone tempérée, l'O-reodoxa montana, transportez-le à Alger, dans le jardin du Hamma, et vous trouverez un arbre dont la vigueur des hampes des feuilles et le pied lui-même font voir qu'il n'a pas été déplacé depuis qu'il a été semé ou planté dans cet établissement d'essai. Il n'a pas eu besoin d'abris de son habile directeur, M. Hardy, qui lutte sur ce terrain non accidenté contre les intempéries, contre les éléments, si j'ose employer ce mot, car les trois quarts des plantes cultivées dans ce terrain

plat ne sont pas dans le milieu qui doit les remettre
dans leur état normal ; ou trop de chaleur ou pas assez,
ou le voisinage de la mer ou des plantes qui veulent
être placées dans des conditions meilleures, tels que
les Orangers, Citronniers, etc., qui veulent habiter 80
mètres au-dessus du niveau de la mer. Visitez Mustapha supérieur, vous y verrez des arbres de cette
famille en plein rapport et d'une vigoureuse végétation. Descendez vers la mer, ce sera la même chose
(plantes malades, effeuillées, souffrantes), à moins cependant que des clôtures, que des abris, ne viennent
leur épargner les influences des vents courants, d'airs
humides, etc., etc., ce qui ne se fait que fort incom-
plétement.

Ainsi, le Jacaranda, ce bel arbre du Brésil et de la
famille des Bignonacées, croît parfaitement dans un
massif entouré de Bambous et de variétés d'arbres
moins délicats ; il fleurit parfaitement, mais ses graines
ne fructifient pas, et, chose curieuse, à la villa Parnet,
à une altitude de 50 à 60 mètres, près Husseindey, et à
un kilomètre de la mer, les Orangers, Limoniers, Man-
dariniers, y croissent en laissant un peu à désirer.
Cependant le Jacaranda a fructifié, et j'ai eu à ma
disposition, avec l'offre la plus gracieuse de M. Parnet,
des pieds de ce végétal et des pieds que j'ai vus en
pépinière chez lui.

Je passerai en revue de cette même façon une série
d'arbres en très beaux exemplaires, tels que des Araucaria excelsa, etc., qui ne fructifient pas, et qui cependant sont plantés depuis fort longtemps.

Une montagne presque à pic masque au midi le jardin

du Hamma ; cette montagne a été plantée par M. Hardy
et renferme considérablement de sujets des familles
des arbres résineux, des sujets de la famille des Protéacées, qui, à leur tour, il faut l'avouer, sont pleins
de vigueur : je citerai à cet effet le Grevillea robusta,
qui décore la rampe de Mustapha supérieur de ses
belles fleurs jaune d'or et duquel les graines sont
abondantes. Palais du gouverneur, 120 mètres au-
dessus du niveau de la mer.

En ne sortant point de notre ligne, cette plante
Grevillea robusta est originaire de la Nouvelle-Hollande (Océanie). Elle a été découverte par un Anglais
dont elle porte le nom. Elle fait partie des plantes
de la zone tempérée que nous sommes appelés à naturaliser.

Jusqu'à ce moment, malheureusement, toutes les
expériences d'acclimatation faites en Algérie n'ont
guère eu de succès, même en ce qui regarde les plantes
de première utilité.

Est-ce le terrain qui, par sa position topographique,
se refuserait à recevoir et à nourrir les nouvelles plantes? Est-ce la science des maîtres qui a manqué? Pour
moi rien de tout cela, attendu que les divers points
de l'Algérie possèdent des climats différents trop peu
observés de la part des praticiens, qui prétendent tout
obtenir de la richesse du sol et du travail, sans tenir
compte des données de la science.

Vous perdez là, Messieurs les maîtres jardiniers,
vous perdez votre prestige; vous vous tenez par trop
en arrière de cette courageuse et admirable brigade à
la tête de laquelle on voit marcher les Houllet, les Neu-

mann, les Varlot, les Barillet, les Hooks, les Moores et beaucoup d'autres employés qui ne mesurent pas leur talent sur leur rétribution. Ce talent, peu connu et peu apprécié, comprend les études botaniques les plus larges jointes aux études physiques et chimiques, médicales, météorologiques, etc., etc., qui en font des hommes utiles à la société, consacrant une vie de dévouement à apporter les soins les plus délicats à ces plantes renfermées dans les muséums, et qui, par la suite, doivent contribuer à la richesse agricole de notre belle France et de nos colonies.

Il n'en est pas ainsi en Angleterre : le maître jardinier est un savant et y est entouré de la considération qu'il mérite. Aussi enrichit-il souvent sa patrie de nouvelles plantes, comme nous pouvons le constater par les échantillons d'écorce de bois de Quinquina que les Anglais nous ont montrés à la grande Exposition de 1867. Faut-il ajouter maintenant que ces plantes leur venaient du Muséum de France, où le savant M. Houllet les avait fait naître et conservées, espérant en doter l'Algérie, ainsi que, sans le vouloir, il en a doté les Indes.

Mais aussi avons-nous une petite plantation au Ruisseau-des-Singes, dans la gorge de la Chiffa, route de Medeah, faite l'an dernier, se composant de vingt et un pieds de Quinquinas et de quarante-six pieds de Eucalyptus, Illicium floridanum, Illicium anisatum, Illicium religiosum, Musa ansete, Thea viridis, Thea sahangua. D'après l'altitude de Blidah, on peut coter celle-ci, prise au-dessus de la maison du Ruisseau-des-Singes, à 300 mètres au-dessus du niveau de la mer.

5

Je réserverai un chapitre tout entier pour l'étude et la naturalisation des Cinchonas, et je ne désespère pas, avec un peu de peine, de les placer dans la culture du groupe des Orangers, etc., etc. (Aurantiacées), conséquemment de les voir croître à Nice, en Italie, en Espagne, en Portugal, et sur tout le littoral nord africain.

Quant à M. Hardy, directeur du jardin du Hamma et autrefois de toutes les pépinières algériennes, il faut lui reconnaître d'avoir réuni dans le terrain plat, sur le bord de la mer, près de six mille végétaux qui, pour être naturalisés, lui ont coûté les plus grands travaux d'essai qu'il soit possible d'imaginer, ayant à lutter sans cesse contre les vents d'ouest, qui brûlaient tout; les vapeurs d'eaux chargées de produits et de sels marins, le manque d'eau douce, etc., etc.

Malgré tout, il est parvenu cependant à préserver certaines plantes de ces atteintes par des groupes d'arbres amis de la proximité de la mer, qui par leurs touffes garantissaient celles qui croissaient à leurs pieds et sous leur ombrage. Au moyen de haies de Thuyas, il a abrité et fait fructifier les Ravenala madasgariensis, les Strelitzia augusta, les S. leopoldii, les S. reginæ, les S. juncea, S. spatulata, etc., plantes toutes délicates et d'une zone plus chaude que celle qui leur est appropriée.

Le Musa sapientum et le Musa paradisiaca y mûrissent assez bien leurs délicieux régimes; les Aralias, famille si nombreuse et si belle, font des massifs de ce jardin; les allées de Ficus coperii, de Chamærops excelsa, Sinensis, de Phœnix dactifera, de Dracœnas

draco, tout en coupant le jardin d'essai symétrique-
ment, forment des carrés attribués aux familles qui y
sont cultivées.

Le Phœnix dactifera donne du fruit dont la semence
se reproduit bien, mais avec absence totale de partie
sucrée; les dattes ne valent donc rien, et ces arbres
sont de pur ornement.

On y remarque aussi des Yuccas qui, réunis en une
splendide et magnifique collection, forment un massif
résistant contre tous les vents, parmi lesquels on peut
citer les variétés de Yuccas cannaculata (type), Gloriosa
pendula, Triculeata, Gloriosa, Filamentosa, Angusti-
folia (type), Flexilis, Alæfolia variegata, Draconis alæfolia, Flacida, etc.

A côté de ces plantes, un massif de Cycadées : les
Cycas revoluta et les Ceratozamia du Mexique, y pren-
nent un développement particulier.

Enfin tous les Colocassia y sont cultivés et y pren-
nent des proportions gigantesques. A leur tête est le
Colocassia caraïbensis ou Esculenta comestible ou Chou
des Caraïbes. On en mange non-seulement les tuber-
cules, mais encore les feuilles herbacées. Cette plante
vient bien en Algérie, terre basse, et pourrait, si elle
était répandue, servir de nourriture aux malheureux
Arabes, dont la plupart vivent de troncs de palmiers
nains et d'une espèce particulière de chardon.

Il est bien malheureux que des plantes de cette nature ne se trouvent qu'au jardin d'essai, quand elles
devraient se trouver dans toutes les propriétés comme
à l'état spontané; une vingtaine de ces plantes sont
réunies et forment des touffes vraiment remarquables.

Les diverses Cannes à sucre y jouent leur rôle par une culture qui sert d'échantillon. La Blonde d'Otaïti, la Violette de Saint-Domingue, la Rubanée de Batavia et la Verte de l'Inde, y croissent à l'état vivace, mais pauvrement; donc leur culture ne peut pas être considérée comme grande utilité industrielle de cette zone.

Je termine ce chapitre après avoir effleuré cette immense collection de végétaux et surtout de Palmiers des contrées tempérées, qui aujourd'hui sont en pleine vigueur, et qui mûrissent leurs régimes, toujours sous la direction des soins incessants de M. Hardy. Je traiterai de ces plantes en particulier dans un autre volume où mes principes seront expliqués, si j'ai l'honneur de continuer le travail que Son Excellence a bien voulu appuyer de sa bienveillante faveur.

Après toutes ces considérations, nous pouvons tirer une conclusion que plus vous venez vers le nord, plus la température diminue. Mais encore à Nice, qui a sur le degré minimum ou le plus froid de l'année 3° 45 de différence en moins, et qui se trouve sur une latitude de 43° 44' 58", c'est-à-dire de 6° 54' 38" plus haut qu'Alger, on y trouve le Bigaradier, le Citronnier, qui alimentent des fabriques de parfums : géranium, verveine, néroli, etc., etc.

Cette température de Nice, vous la retrouvez à 200 mètres au-dessus de Blidah, dans l'Atlas. Marseille, qui a pour latitude 43° 17' 52", a sur le niveau de la mer à peu près la même température que Nice. Je ne puis mieux établir la différence de végétation

qu'en me servant d'un arbre appelé vulgairement le
Bella sombra dans la colonie, et portant le nom botanique de Phytolocæa dioïca, qui est de l'Amérique
australe, qui pousse avec une vigueur étonnante, et en
peu de temps acquiert un tronc énorme sous-ligneux;
cet arbre à Marseille reste rabougri et vit misérable-
ment; j'ai pu le constater moi-même dans la cour de
la gare du chemin de fer.

Il n'en est pas ainsi de certaines variétés de Bambous. Le Nigra, originaire de Chine, et ornant les jardins de Pékin avec le Bambusa mitis, comestible des
Chinois, croissent très bien à Medeah, au jardin du
Hamma, au palais du gouverneur, à Mustapha supérieur; dans ce dernier ils acquièrent de grandes dimensions. Le Nigra croît à Marseille, et sa limite est à
Tours. Paris en a souvent planté; les grands froids les
ont toujours emportés. A Ruffec, où j'habite, dans un
jardin en plein nord, latitude 46° 1' 44", à 110 mètres
au-dessus du niveau de la mer, le Bambusa mitis et le
Bambusa nigra ont supporté une température minima
de moins de 6° sans paraître souffrir, et pendant deux
années consécutives. Croyant que cette plante se trouve
dans les meilleures conditions d'acclimatation, j'en ai
réservé cent pieds environ, dont moitié de chaque espèce, pour être répandus dans notre contrée. Je compte
sur le concours de la Société des arts, sciences, agriculture de la Charente pour faire cette distribution
dans notre département, afin que les essais puissent
être continués.

C'est donc après tous ces faits étudiés que nous pouvons dire que le nord de l'Afrique, le sud de l'Espa-

gne et du Portugal, l'Italie, la Grèce et la Syrie, sont
dans la situation de recevoir les plantes des zones
tempérées. Ainsi, en Afrique on plante l'Eucalyptus.
Il y prospère très bien, comme on en a pu juger; mais
il prospère aussi dans la Calabre et l'Italie méridio-
nale, ainsi que l'a constaté M. Tenore dans son essai sur
la géographie physique et botanique du royaume de
Naples, publiée en 1827, page 86. Enfin il prospère
bien dans les îles d'Hyères et sur notre continent.
J'ajouterai que le jardin d'essai de Sydney (Australie)
en possède soixante variétés, parmi lesquelles il y a
des plantes qui ont des propriétés particulières. Cet
arbre peut donc être placé en Grèce ; il pourrait croître à Constantinople, dans l'Espagne et le Portugal,
où les ouragans et les vents le gêneraient moins que
sur la terre africaine.

Les plantes de la Nouvelle-Hollande, du Tasmania,
de la Nouvelle-Zélande, c'est-à-dire depuis le 31° de latitude jusqu'au 44°, sont appelées, dans un temps donné,
à couvrir le sol africain de leur brillante végétation.

A la fin de ce rapport je donnerai une table par famille des plantes les plus importantes à acclimater ou
plutôt à naturaliser.

Mais, d'un autre côté, il faut bien aussi penser aux
malheureux colons qui, tous les jours, essaient de
nouvelles choses qui ne réussissent pas, ou du moins
qui ne donnent pas le résultat espéré. C'est donc en
consacrant un chapitre à la *vigne* et aux fameuses
plantes médicinales les Quinquinas ou Cinchonas, ainsi
qu'aux plantes employées pour les parfums, que je
terminerai ce petit travail.

DE LA VIGNE.

Dans le tableau de la situation des établissements français dans l'Algérie, qui a été remis en 1864, j'ai vu les cépages que nos colons employaient et cultivaient dans les diverses contrées de ce pays.

Règle à peu près générale, nous trouvons auprès des villes qui occupent un niveau élevé au-dessus de la mer les cépages du centre de la France ; dans la seconde zone, ceux du midi de la France, de l'Italie ; et enfin, dans les terres basses, ceux de l'Espagne.

Je constate donc que Medeah, Milianah, Orléansville, Aumale, Setif, Constantine, cultivent le Pineau, le Gamay, le Muscat, le Picpoul ou Folle. Ces cépages sont particuliers à la Bourgogne.

Alger cultive l'Aramon, le Mourmède, le Carignan.

Blidah, le Moscatel, l'Alicante, le Picpoul.

Comment ces cépages se trouvent-ils cultivés en Algérie ?

C'est par la force des choses, c'est par expérience qu'on a choisi naturellement ceux qui donnent des raisins dans les meilleures conditions. Eh bien ! si les colons d'Algérie cultivent dans leurs terrains sablonneux de Medeah le Gamay, la Folle, le Pineau, pourquoi n'essaieraient-ils pas les cépages des premiers crûs de Bordeaux à Medeah, Milianah, Teniet-el-Had, Tiharet, Setif, Batna, Aumale, puisque ces villes possèdent à peu près le même climat ?

Je recommanderai donc pour cette zone les cépages qui croissent dans des terrains à base calcaire, dans les communes de Blanquefort, Ludon, Labarde, Contenac, Margaux, Soussans, Arcins, Lamarque, Cussac, Saint-Julien de Reignac, Saint-Lambert, Pauilhiac, Saint-Estèphe et Saint-Saurin de Cadourne.

Ces cépages sont, pour le noir : le Carminet, le Malbec, le Petit-Verdot, le Gros-Verdot, le Merlot et le Massoutet; cépages blancs : le Sauvignon, la Malvoisie, la Prunilla, le Sémillon, le Blanc-Verdot, le Muscadet doux ou Résinote, la Chalosse dorée, le Cruchinet blanc, la Blanquette, la Folle blanche ou Picpoul.

Mais outre ces cépages, qui donnent des vins que tout le monde connaît, il existe en Bourgogne un cépage particulier : le Pineau blanc et noir, le Tresseau, que l'on nomme Véro à Joigny, le Roncin et le Gamay. Ce dernier produit plus que le Pineau, mais sa qualité est si peu appréciée que les propriétaires de bons crûs prétendent qu'il serait à désirer que l'ordonnance de Charles IX qui défendait de planter l'infâme Gamay fût renouvelée.

Dans le canton de Joigny, on cultive en outre le Samoreau, le Meslier et le Gouaïs.

Si nous prenons la zone de Blidah, c'est-à-dire à 200 mètres au-dessus du niveau de la mer, nous trouvons la Malvoisie, accompagnant dans le Piémont méridional les cépages nommés Passerata, Nebiolo, dans l'arrondissement d'Asti, et ceux dits Barbara et Bonarde dans celui de Casal; ils sont cultivés avec le Moscatel et l'Alicante.

Nous retrouvons ces cépages dans l'île la plus fertile en productions naturelles, la Sardaigne, sous la latitude boréale 39° et 41°; leurs vins sont assez connus pour ne pas les citer.

Dans la zone qui forme le littoral de la mer, dans les terres basses, comme, par exemple, la plaine de la Mitidja, je recommanderai les cépages suivants, qui croissent sur le continent séparé de cette terre par le détroit de Gibraltar (même latitude à un degré près) :

La Tintilla (vin de Rota), Malaga, cultivés à Trebigena; Chipiona, Arcos, Espera, Xérès, Paraxarète.

La Tempranillo, estimée à Logrono et à Peralta; l'Albillo castillan; son moût est riche en sucre. Le Mollar noir occupe à Xérès un tiers des vignes *plantées dans les sables.*

Pour les vins blancs, le Ximénez. Cette variété est la meilleure de celles cultivées en Espagne. D. Simon-Roxas Clemente, d'après Volcar, la dit originaire des îles Canaries et de Madère, d'où elle fut d'abord transplantée aux bords du Rhin et de la Moselle, et apportée à Malaga par le cardinal Don Pedro Ximénez, qui lui donna son nom. Tous les auteurs s'accordent à dire que les plants de Madère et des îles Canaries ont été tirés des vignobles de Malvoisie; c'est avec le moût de ce raisin que l'on fait les vins si connus à Malaga sous le nom de Pedro-Ximen.

Le Listan commun, très productif, occupe la majeure partie des vignes de San-Lucar *(vins frais de table).*

Moscatels (Muscat), Perruno commun, Calgadera, saveur délicate; le Jaën blanc, cultivé dans tous les vignobles d'Espagne; enfin le Doradillo (raisin gris), planté dans les vignobles de Malaga et de Grenade.

Avec ces notions, vous pourrez bonifier vos vins par l'expérience, le choix de ces cépages, et en même temps la manière de faire le vin qu'ils doivent produire, car l'un sans l'autre ils seraient moins que les cépages ordinaires ; et ce que je viens de vous démontrer est si vrai, qu'une vigne plantée en cépages français, appartenant à MM. Bergeron frères et située sur le rivage de la mer, à Fouca-Marine inférieur, a dû être greffée cette dernière année en cépages d'Espagne, le climat étant trop chaud ; elle poussait des sarments gros comme des asperges, mais jamais de fruits.

PLANTES MÉDICINALES.

Quinquinas.

De toutes les découvertes faites par la médecine depuis plusieurs siècles, on peut dire que celle des Quinquinas est une des plus importantes ; aussi ce précieux médicament mérite-t-il, à juste titre, qu'on étudie l'arbre qui le produit et quelle est sa nature, de manière à acclimater cette plante sous la zone qui fait l'objet de mes études.

Ce médicament arriva en France en 1638, sous le nom de *poudre de la comtesse.* Ses propriétés médicales furent bientôt connues, et les Jésuites contribuèrent, par leur empressement habituel, tellement à sa popularité, que les forêts de Loxa (Pérou), d'où il était tiré, devinrent insuffisantes à sa production.

On a ignoré pendant longtemps le nom de l'arbre qui produisait cette poudre ; ce n'est qu'après les voyages des Rey, des La Condamine, des Jussieu, des Mutis que l'on a su que c'était un arbre de la famille des Rubiacées, auquel on donna le nom de Cinchona, du nom du comte de Chinchon, vice-roi du Pérou, qui en favorisa l'emploi et l'exportation. Il arrivait en France sous diverses formes : quinquina jaune, gris, rouge, blanc.

De nouveaux groupes de ces sections de famille ont été depuis découverts au Pérou, à la Nouvelle-Grenade, en Bolivie, et ont été multipliés par les Anglais dans l'Inde et les Hollandais à Java. Après avoir été tout d'abord cultivés en 1849, sous la surveillance de M. Houllet, au Muséum de Paris, ils avaient été apportés par M. H.-A. Weddell, qui avait signalé la destruction des espèces les plus précieuses. Dès lors, des plants furent envoyés à M. Hardy, en Afrique, dans notre nouvelle colonie.

M. Hardy, directeur des pépinières de l'Algérie, les livra à la pleine terre dans le jardin d'essai du Hamma. Cet essai ne fut pas heureux, et cela s'explique parfaitement par la description topographique des lieux que cette plante habite sur le versant occidental des Andes.

Je ne cherche point ici les variétés préférables; je me propose seulement de tirer parti des indications que MM. de Humboldt et Bonpland me font connaître, en les appliquant aux divers points de ma zone 30° 46' latitude.

Je rencontre dans l'ouvrage de M. de Humboldt, publié en 1817 : *De Distributione geographica plantarum*, etc., etc., pages 100 et suivantes, les notions sur lesquelles je me fixe :

Loxa Peruvianorum. Regio amœnissimæ temperiei, ob Cinchonæ saluberrimas species celebrata, alt. 1,060 *hex., cal. med.* 19° 4.

Plantæ regionis temperatæ 300, 1,100 *hex.*

Regio Filicum arborescentium et Cinchonarum quarum aliæ (Cinchona lancifolia et Cinchona ovalifolia) usquè ad 1,400 et 1,680 hex. altit. Versùs cacumina muntium excurrunt, aliæ (Cinchona oblongifolia, C. caducifolia) usquè ad 200 hex. littora versùs descendunt.

Cinchona condaminea, Grandiflora, Oblongifolia, Cordifolia.

Nous voyons donc, d'après le savant de Humboldt, que les Quinquinas s'élèvent dans les Andes par une chaleur annuelle moyenne, prise à 600 mètres au-dessus du niveau de la mer, 19° 4, celle d'Alger étant en moyenne de 18° 4. Mais comme ils croissent entre le 10e et le 20e degré de latitude, et que nous avons observé que la chaleur minima était presque égale à celle maxima, ce qui n'existe pas en Algérie, car le minima est sur le bord de la côte et au mois de février de 8°, il faut donc vérifier si ces plantes pourraient supporter cette saison froide.

Mais avant d'aller plus loin, je citerai un passage du précédent paragraphe :

« *Aliæ (Cinchona oblongifolia, Caducifolia) usquè ad 200 hex. littora versùs descendunt, etc...* »

Si ces variétés ne descendent pas plus bas que 400 mètres au-dessus du niveau de la mer, la cause en est facile à déduire : c'est que la mer, par son évaporation et les courants d'air chargés de sels étrangers qu'elle apporte, est nuisible à leur croissance. Il est bien évident que sans cela les graines qui tombent des arbres sur le versant de la montagne donneraient naissance à un grand nombre de pieds, qui garniraient bien vite leur versant en entier.

Si donc la plante est ennemie de la mer, il faut l'en éloigner ou lui chercher un abri naturel, ce que n'a pas fait M. Hardy. En Algérie, cet abri tout trouvé est une montagne, le Sahel, qui paralyse tous les effets de cette terrible ennemie.

C'est donc dans la plaine de la Mitidja que nous offrirons aux Quinquinas la température 18° 4, avec une terre d'une fertilité sans égale.

Revenons à ce que nous avons dit plus haut. Les Cinchonas supporteront-ils bien 8° au mois de février ? En un mot, croîtront-ils d'une végétation chétive ? Non.

Les Cinchona lancifolia et ovalifalia vont jusqu'à 2,800 à 3,360 mètres de hauteur ; en prenant le calcul pour base, nous avons :

$$\frac{3360 - 600}{172} = \frac{2760}{172} = 16° \text{ T}°.$$

Or, en nous basant sur la température moyenne, qui est de 19° 4 à la hauteur de 600 mètres, nous voyons que le minimum serait de 19° 4 — 16 = 3° 4.

M. de Humboldt s'exprime ainsi en parlant de la région froide qui se trouve en dessous des glaciers, et qui cependant occupe l'altitude 3,360 mètres :

« *Regio subfrigida, cœlo plerumque lœto, nec solo infecundo, ubi auræ spirant acres et immodicæ, Cinchonam tamen frequentiùs tolerat. Valles nemorosæ, perennibus aquis irriguæ, vertices nudi, nubeculis levissimis tecti, aereæ rupes in mitæ formam emicantes.* »

Dans cette zone, la chaleur minima est de 2° 5.

Enfin nous trouvons dans la région des Chênes, de

4,000 à 4,920 mètres, le Cinchona insignis et le C. lancifolia.

Là, la chaleur moyenne annuelle est de 1° 5 ; le thermomètre descend la nuit de 2° à 6°. Il est donc certain que la naturalisation doit être complète dans le nord de l'Afrique, et que cet arbre peut parfaitement être cultivé à Nice et dans le sud de la France. Je ne sais si je pourrais le dire de toutes les variétés, qui sont au nombre de quarante-huit ; mais ce qu'il y a de certain, c'est que des voyageurs m'ont assuré que cette tribu de famille vivait sous un climat dont la température était plus basse que celle de la France.

Nous serions bien heureux si le Portugal, l'Espagne, l'Italie et tout le nord de l'Afrique pouvaient suppléer par les produits de nos colonies et des plantations européennes à ceux qui nous sont apportés à grands frais des pays du Nouveau-Monde.

Les Anglais ont propagé les meilleures espèces, que le fameux chimiste M. Howard a analysées, et comptent aujourd'hui dans les établissements de l'Inde plus d'un million de pieds des meilleures variétés, qui ont fourni cette année des produits à l'Exposition universelle ; aussi a-t-on examiné avec intérêt cette collection, qui a obtenu une médaille d'or.

DES PARFUMS.

Dans tous les pays où croissent certaines plantes qui exhalent des parfums, il est des climats plus chauds où elles renferment des huiles essentielles plus fortes en odeur et plus abondantes, tandis que dans des zones plus froides les odeurs sont plus délicates ; mais la naturalisation des végétaux n'a compris qu'une seule chose, c'est la transplantation d'une plante dans un nouveau pays avec la même terre, la même chaleur, pour la rendre à son nouvel état normal avec la faculté de conserver toutes ses propriétés sans exception.

Avant d'aller plus loin, je ferai observer que je n'ai point encore parlé de la pesanteur de l'atmosphère ou de la tension barométrique, par une raison simple, c'est que les plantes vivent en partie d'acide carbonique qui est plus lourd que l'air, et qu'elles respirent dans le milieu des gaz qui se forment immédiatement à leur base. J'ai donc négligé cette importante question, ainsi que celle de la chaleur de la terre, qui, si le degré de température est le même à 0 mètre au-dessus du niveau de la mer qu'à 300 et 600 mètres, le terrain suivra la même loi que j'ai indiquée plus haut par la température, puisque l'un dépend de l'autre. J'ai donc cru devoir ne pas en parler, ne traitant, du reste, aucune question particulière ayant rapport aux terrains volcaniques ou à des terrains absorbant par leurs conformations physiques une grande quantité de calorique.

Je disais donc que certaines plantes avaient dans des zones particulières des odeurs plus délicates; il en est ainsi de cette exception comme de certains pays qui sont plus ou moins salubres pour l'espèce humaine.

Toutes les contrées ne peuvent donc pas donner les mêmes parfums. Les plus précieux viennent des Indes orientales, de Ceylan, du Mexique et du Pérou; le midi de l'Europe est le seul jardin véritablement utile au parfumeur.

Grasse, Cannes et Nice sont les principaux siéges de cette industrie. Grâce à la position géographique, le cultivateur, dans un cercle relativement restreint, a à sa disposition les divers climats les plus propres à produire dans leur perfection les plantes nécessaires à son commerce. Sur le bord de la mer, la Cassie pousse sans craindre la gelée, tandis que plus près des monts Estérel, au pied des Alpes, la Violette est plus douce que si elle était venue dans les expositions plus chaudes où l'Oranger et la Tubéreuse fleurissent parfaitement.

A Cannes se fabriquent tous les produits de la Rose, de la Tubéreuse, de la Cassie, du Jasmin et du Néroli. A Nîmes, les cultivateurs donnent principalement leurs soins au Thym, au Romarin, à l'Aspic et à la Lavande. Nice a la spécialité de la Violette. La Sicile nous donne le Citron et l'Orange ; l'Italie, la Calabre, l'Iris et la Bergamote.

Je n'ai point de renseignements particuliers aux autres puissances du bassin méditerranéen ; mais puisque l'Italie, la Sicile font des essences de diverses plantes, l'Espagne et le Portugal ne peuvent en être exclus, au contraire.

Les latitudes par la température sont favorables à cette opération agricole et industrielle.

En consultant les trois provinces de l'Algérie, dont les colons ont tiré parti de tout ce qu'elles pouvaient produire, je trouve que la province de Constantine, province dont l'altitude la place au même degré que les régions froides, cultive et obtient les essences d'Absinthe, de Géranium rosa, essence de Menthe crépue, essence de Menthe poivrée, essence de Myrte, essence d'Anis, le tout obtenu par MM. Trihan et Jantet à Jemmapes.

Je ferai observer que la supériorité d'essence de Lavande et de Menthe poivrée est produite par les Anglais à Mitcham, dans le comté de Surrey, et à Hitchin, dans le comté d'Herford. Ces essences obtiennent sur le marché un prix plus élevé que celui de leurs pareilles cultivées en France, ou ailleurs, et la délicatesse de leurs parfums justifie cette préférence.

Dans la province d'Oran, où le climat plus chaud que dans les autres provinces pourrait donner de meilleurs résultats et permettrait même d'acclimater certaines variétés qui donnent des résines odoriférantes, nous ne trouvons encore aucuns colons industriels qui aient pris cette branche de culture et de commerce.

L'industrie, favorisée dans la province d'Alger à un plus haut point que dans les autres provinces, a créé un certain nombre de distilleries.

Cheragaz a ses distilleries d'essences, mais Boufarik a son distillateur, M. Gros fils, dont les propriétés s'étendent tous les jours, et dont les plantations actuelles constituent une fortune en rapport avec son métier.

J'ai déjà dit que Boufarik était une ville qui, pour arriver à l'état florissant dans lequel elle se trouve en ce moment, a englouti une population égale à celle qu'elle possède; cette mortalité était entretenue par les fièvres putrides, les plantations d'arbres de diverses essences. Les barrages de l'Oued-Bouch-el-Mela l'ont tellement assainie qu'aujourd'hui cette petite ville est un lieu de santé et de richesses agricoles pour quiconque vient l'habiter.

Ses terrains sont riches et conséquemment très fertiles. M. Mauger, ancien maire, bon administrateur, a beaucoup aidé cette petite colonie de ses connaissances usuelles industrielles appliquées à l'agriculture. C'est pourquoi, à mon passage, tous les colons industriels le regrettaient sincèrement; ils espéraient, dans l'intérêt de la commune, disaient-ils, que M. Mauger mettrait toute susceptibilité de côté pour reprendre les guides de son ancienne administration.

M. Gros a une grande étendue d'Orangers (Citrus bigaradia). Ce végétal donne trois essences, savoir: des feuilles et des petits fruits on extrait le petit-grain; des fleurs, le néroli; enfin de l'écorce du fruit, une huile essentielle appelée *portugal*. Pour cette raison, cet arbre est peut-être le plus précieux de tous pour le fabricant de parfumerie.

Dans sa culture et sa distillation, il m'a donné les chiffres suivants :

Essence de Petit-Grain.

De bigaradiers ou feuilles amères d'oranger ou bigaradier :

400 kilogrammes feuilles et bois pour 1 kilogramme essence.

Le prix des 100 kilogrammes, 10 fr.; le prix de la manutention est le même.

Feuilles de Citronnier.

Le même rendement par les feuilles de citronnier, si

ce n'est que le prix de la feuille est de 4 0/0 au lieu
de 10, comme il a été dit précédemment.

Le Néroli.

1 kilogramme de fleurs d'oranger donne 1 gramme
d'essence et 1 litre d'eau de fleurs d'oranger.

Voici la charge de l'alambic : 30 kilogrammes de
fleurs et 60 litres d'eau en cucurbite; on retire 30
grammes essence et 30 litres de fleurs d'oranger bonne
qualité.

M. Gros fait aussi la menthe pouillot pour la parfumerie grossière.

Il emploie 200 kilogrammes de feuilles pour 1 kilogramme essence.

L'Essence de Verveine.

400 kilogrammes de feuilles pour 1 kilogramme essence.

Les frais de culture sont de 10 fr.

Il fait aussi l'Eucalyptus globulus :

80 kilogrammes de feuilles pour 1 kilogramme essence.

Prix de revient, 5 fr. 50 c.; prix de vente, 7 fr.

L'Eucalyptus globulus et beaucoup d'autres variétés
analogues de la famille des Myrtacées méritent de
notre part une étude approfondie, car les chimistes
anglais ont signalé ces plantes comme renfermant une
huile essentielle analogue à la térébenthine. Il serait
utile de se procurer les variétés qui contiennent ce
précieux liquide et de faire tous ses efforts pour les

multiplier en ces contrées, où nous savons qu'elles croissent si bien.

L'art d'extraire les parfums est encore dans l'enfance dans ces contrées, où la chaleur maxima aide beaucoup la senteur de leurs essences et la quantité de leurs produits par la végétation qu'elle développe. Ainsi, on trouve pour la plante son climat froid qui l'aide à prendre sa force et qui dans la saison chaude l'aide à développer ses qualités, le soleil et l'eau favorisant ce développement.

L'art de la distillation en Afrique est comme celui de Cannes, Nîmes, Nice; il demande à être modifié. Cette opération se fait au moyen d'anciens alambics surmontés de tambours, dans lesquels on entasse les plantes qui doivent être distillées. Ce système est mauvais, parce que l'essence, quoique volatile, ne peut sortir de cette masse de plantes comprimées pour s'échapper avec la vapeur d'eau par le chapiteau qui recouvre le cylindre ou tambour. Il y a conséquemment une perte bien grande. M. E. Dériveau, constructeur d'alambics à Paris, rue Popincourt, n°s 10 et 12, par un système à vapeur, a obtenu des essences bien plus fines, en plus grande abondance et presque sans frais de manutention, en se servant de l'appareil dont le dessin et la description sont ci-contre.

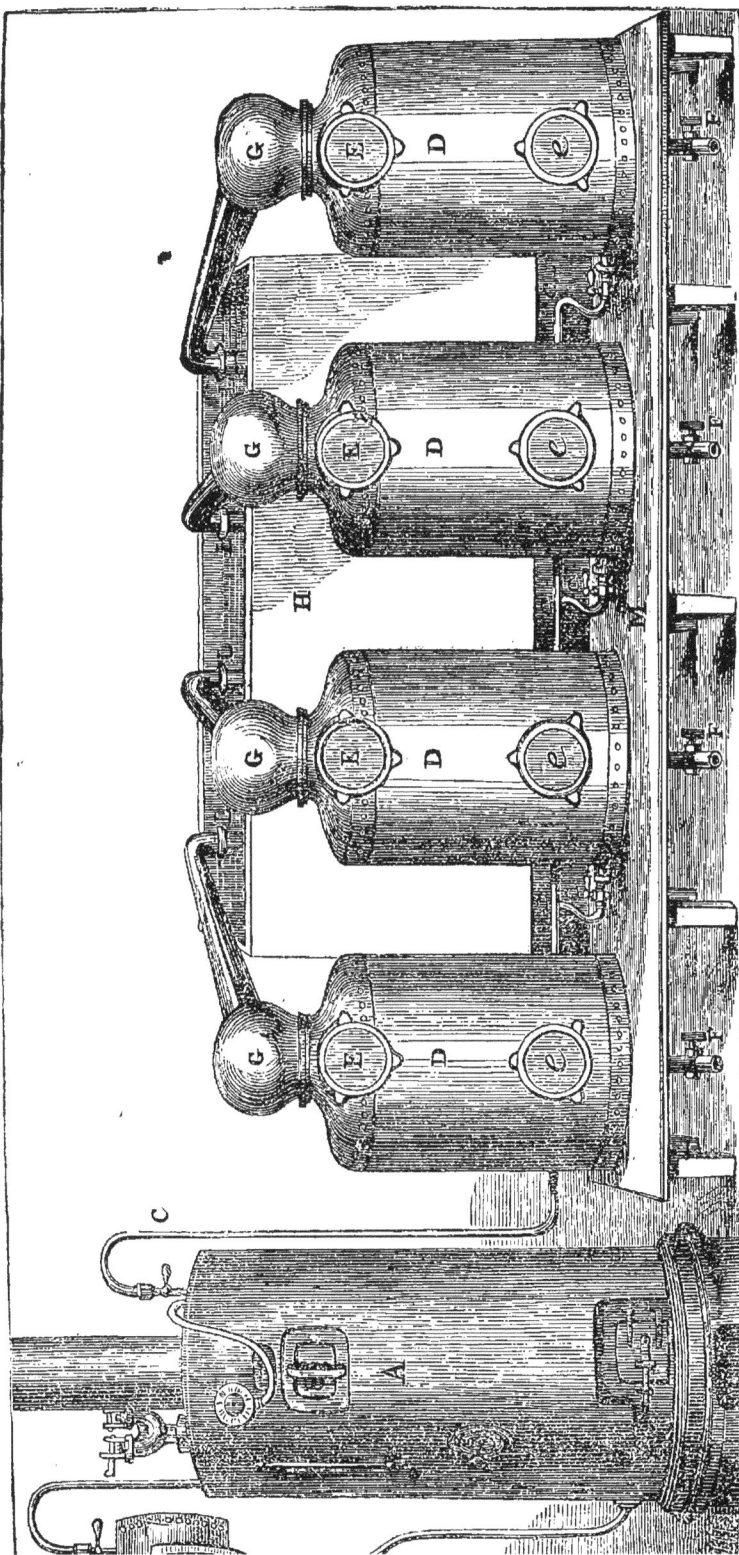

Appareil Dériveau (Eugène), 10 et 12, rue Popincourt (Paris).

Cet appareil a les avantages : 1° de n'user que peu de combustible, proportionnellement à la dépense des appareils actuellement en usage ; 2° d'avoir une pression de vapeur toujours égale, ce qui permet de régulariser la distillation ; 3° de pouvoir charger et vider un alambic sans arrêter le travail des autres ; 4° d'extraire par ce système toutes les huiles essentielles contenues dans les plantes, d'une manière égale pendant la durée de la distillation, c'est-à-dire, pratiquement parlant, sans coup de feu.

Voici, du reste, la description de cet appareil : A est une chaudière à vapeur à basse pression ; elle est munie de soupapes de sûreté, de manomètre, et a, en outre, un vase B servant à entretenir dans celle-ci un niveau constant.

Un tuyau C, muni d'un robinet, permet de diriger la vapeur d'eau au-dessous des cylindres D, D, D, D, munis au-dessus de l'échappement de la vapeur d'une grille servant de distributeur de la vapeur en dessous de la matière à distiller.

Chaque cylindre communique au tuyau C par de petits tuyaux munis de robinets C, C, C, C, ce qui permet au distillateur d'arrêter la distillation d'un, de deux, de trois, etc., etc., alambics placés sur la table M.

Chaque alambic est muni de deux ouvertures : l'une occupe la partie supérieure, désignée par F ; l'autre, la partie inférieure, et désignée par E. Celle supérieure sert à introduire la matière à distiller et celle inférieure à nettoyer l'alambic pour le soumettre de nouveau à une alternative distillation.

Chaque cylindre est recouvert d'un chapiteau G, G, G, G, qui communique avec des serpentins renfermés dans le bassin H, alimenté par de l'eau froide.

Quand, au fond des cylindres, la vapeur d'eau se condense et entrave la distillation, des robinets F, F, F, F, purgent chaque cylindre de son eau.

L'homme habitué à la distillation jugera immédiatement cet appareil et reconnaîtra que tous les soins que doit apporter le distillateur dans son opération disparaissent, et que la distillation se fait d'une façon préférable à celle par les anciens procédés.

Je ne puis approfondir ce système que dans ma seconde partie, lorsque je traiterai des industries se rattachant aux plantes et dans tous les pays susceptibles de faire partie de la zone traitée.

Revenant aux parfums, il serait possible, je crois, d'en augmenter le nombre en multipliant les cultures et les variétés. Je place ici un tableau comparatif de certaines plantes, avec le nombre des quantités de fleurs, plantes, racines nécessaires à leur production.

MATIÈRES.	QUANTITÉS en KILOGRAMMES.	ESSENCES fournies EN GRAMMES.
Orange (écorce).......	5	312
Marjolaine sèche.....................	10	93 50
Marjolaine fraîche.....	50	93 50
Menthe poivrée fraîche...........	50	93 50 à 123
Menthe poivrée sèche............	10	74 90 à 99
Origan sec.....................	10	50 20 à 74
Thym sec...........................	10	30 80 à 46 30
Calamus aromaticus..............	10	74 90 à 99 60
Anis........................	10	224 90 à 299
Carvi d'Allemagne.................	10	399 60
Cassie.	10	74 90
Bois de cèdre.	10	89
Mélisse fraîche.....................	25	25 50 à 38 50
Racine d'iris.	50	446
Feuilles de géranium.............	50	56
Fleurs de lavande.................	50	836 50
Feuilles de myrte......	50	139 50
Patchouly........................	50	780 50
Rose de Provence.	50	2 60 à 3 45
Vétyver ou racine de kus-kus....	50	418 25

Voilà les principales plantes et les quantités qu'elles donnent à la distillation.

Je laisse de côté un grand nombre de fleurs qui pourraient donner encore des avantages bien plus grands par la senteur de leurs parfums; mais comme une infinité de plantes peuvent être naturalisées dans cette zone, je ne pourrai renseigner ceux que cela intéresse qu'après des expériences concluantes, de façon à n'entraîner aucun colon industriel dans de fausses spéculations.

Beaucoup de plantes spontanées à l'Algérie possèdent des parfums particuliers, tels que l'Érodium moschatum, très commun sur les falaises et dans les champs aux environs d'Alger. Cette plante a une odeur légère de musc qui paraît la quitter sitôt dessiccation. Le parfum retiré de cette plante et mélangé à des odeurs un peu plus tranchantes formerait un bouquet distingué. Cette plante appartient à la famille des Géraniacées. Il y en a bien d'autres qui peuvent se rencontrer et que je signalerai plus tard.

VII.

RÉSUMÉ DES PRINCIPES EXPOSÉS AUX CHAPITRES PRÉCÉDENTS.

Liste complémentaire des plantes susceptibles d'acclimatation dans la zone décrite (30°-46°).

Alger, avons-nous dit, a pour latitude 36° 47' 20"; nous partirons donc de ce point avec un degré de chaleur moyen 18° 40 pris sur le niveau de la mer, en ajoutant jusqu'au nombre 30° latitude un demi-degré en plus pour le sud, et en retranchant pour le nord le demi-degré de chaleur, supposant toujours la surface de la terre plane et en tenant compte des influences météorologiques qui feraient varier la température.

La température prise sur cette surface devra être diminuée d'un degré de chaleur par 172 mètres de hauteur et proportionnellement, en procédant d'après le tableau suivant :

DEGRÉS de LATITUDE.	DEGRÉS DE CHALEUR.			OBSERVATIONS.
	MOYENNE.	MAXIMA.	MINIMA.	
30°	21° 45	33° 05	11° 05	Les chiffres qui sont dans les colonnes maxima et minima indiquent la moyenne des chaleurs prises dans le mois le plus chaud et la moyenne prise dans le mois le plus froid. — Néanmoins, le thermomètre monte dans les jours les plus chauds jusqu'à 45° pour la latitude 30°, et descend quelquefois à 0° pour les jours les plus froids, mais sans durée.
31°	20° 95	32° 55	10° 55	
32°	20° 45	32° 05	10° 05	
33°	19° 95	31° 55	9° 55	
34°	19° 45	31° 05	9° 05	
35°	18° 95	30° 55	8° 55	
36°	18° 45	30° 05	8° 05	
37°	17° 95	29° 55	7° 55	
38°	17° 45	29° 05	7° 05	
39°	16° 95	28° 55	6° 55	
40°	16° 45	28° 05	6° 05	
41°	15° 95	27° 55	5° 55	
42°	15° 45	27° 05	5° 05	
43°	14° 95	26° 55	4° 55	
44°	14° 45	26° 05	4° 05	
45°	13° 95	25° 55	3° 55	
46°	13° 45	25° 05	3° 05	

Ce tableau est formé comme si la terre offrait une surface plane; il faudra donc diminuer, après avoir pris la hauteur au-dessus du niveau de la mer, autant de degrés qu'il y aura de fois 172 mètres altitude.

Ainsi, par exemple, latitude 30°, un lieu élevé de 688 mètres correspondra à

$$21° 45 - \frac{68}{172} = 17° 45.$$

Il serait donc à désirer que lorsque les botanistes, dans leurs recherches, trouvent des plantes importantes, ils pussent, en les recueillant, trouver la latitude du lieu, son niveau au-dessus de la mer et le terrain dans lequel elles croissent, ou du moins la couche géologique qui sert de formation à ce terrain. Ces notions seraient d'un intérêt si grand, que celui qui serait chargé de leur culture trouverait avec les moyens ci-dessus indiqués la place la plus favorable qui serait nécessaire à leur développement.

Voici quelques plantes qui peuvent être prises comme point de départ de certains genres avec lesquels elles vivent en compagnie :

Theobroma (Cacao). Cette plante demande un air humide, un ciel couvert; le milieu dans lequel elle croît, en température moyenne annuelle, ne descend jamais au-dessous de 29° à 23°.

Indigofera (Indigotier). Beaucoup de ces plantes croissent sous un climat dont la chaleur moyenne annuelle est de 28° à 25°; mais on en rencontre une grande quantité qui poussent dans de bonnes conditions sur la température moyenne annuelle 16° à 14° 5, qui représente comme la zone comprise entre les latitudes 41° à 43° 30'.

Musa ou Bananiers, Musa paradisiaca, Musa sapientum. Ces plantes exigent pour que leurs fruits soient de bonne qualité une température entre 28° et 23° de chaleur; elles ne donnent plus de fruits, dit M. de Humboldt, dans la latitude de 0° à 10°, 1,000 mètres au-dessus du niveau de la mer, où la température moyenne descend à 20°; on trouve cependant certaines variétés dans d'assez bonnes conditions entre les latitudes 30° et 35°, dans un milieu de chaleur 21° à 19°.

Saccharum officinarum (Canne à sucre). Quatre variétés sont cultivées en Algérie au jardin du Hamma; leur croissance, afin qu'elles acquièrent toute la quantité de sucre qu'elles doivent avoir, doit se faire entre une chaleur de 28° à 23°. Cependant elles poussent jusqu'au 35° latitude et 36° 30', dont la chaleur moyenne annuelle est de 20° à 19° 5', mais elles ne peuvent donner à cette température un revenu sérieux.

Coffea arabica (Caféier), plante subalpine. La chaleur d'entre 27° à 18° lui est nécessaire; il vient bien sous les tropiques, dans la zone comprise entre 0° et 10°, sur les lieux élevés de 400 mètres à 1,000 mètres au-dessus du niveau de la mer, dont la température moyenne annuelle est de 24° à 21°; cette plante, comme nous le voyons, doit être exclue des cultures de notre zone.

Gossypium barbadense, G. hersutum, G. religiosum (Coton). Demande pour venir dans de bonnes conditions la chaleur moyenne annuelle 28° à 20°. Le Gossypium herbaceum (variété) croît encore jusqu'à la latitude 40° et plus, où il trouve une température qui ne descend jamais, en moyenne annuelle, au-dessous de 18° à 16°, l'hiver ne dépassant pas en minima 9° à 8°, et l'été en maxima 24° à 23°.

Phœnix dactilifera. Ce palmier mûrit ses fruits dans de bonnes conditions sous les latitudes 29° à 33°, avec une chaleur moyenne annuelle de 23° 21°; mais aussi sa limite de territoire se trouve dans les lieux abrités jusqu'à la latitude 44°, où la chaleur moyenne annuelle est représentée par 17° 5; seulement les fruits ne mûrissent pas.

Citrus. Cette variété de plantes demande un ciel doux et une chaleur moyenne annuelle qui ne dépasse pas 17°. Citrus vulgaris, Bigaradier, Oranger amer et Citrus aurantium, croissant dans le département des Alpes-

Maritimes, âgés de cinq cents ans, et qui donnent annuellement 20 kilog. de fleurs et plus de 4 ou 6,000
fruits. Ils résistent à 7° 5 au-dessous de zéro, si ce
froid est de peu de durée. On trouve à Monaco, à Saint-
Remi, à Nice, le Citrus aurantium cultivé à 500 mètres au-dessus du niveau de la mer.

Olea (l'Olivier). Plante qui croît sur notre continent
(latitude 36° à 44°) où la chaleur moyenne annuelle
est 19° à 14° 5 ; le minimum moyen des mois les plus
froids ne dépasse pas 5° 5, et l'été le maximum n'est
pas au-dessus de 22° à 23°. L'Olivier, dans le nouveau
continent, ne vient que dans les lieux où se trouve la
chaleur moyenne annuelle de 14° 5, le minimum moyen
0° 5, hiver 3° ; mais en Europe, dans les lieux où les
hivers ne sévissent pas trop, nous trouvons l'Olivier
jusqu'à la latitude 44° 30, tandis qu'en Amérique il ne
dépasse pas la latitude 34° ; seulement il se trouve
cultivé à 400 mètres au-dessus du niveau de la mer.

Castanea vesca (Châtaignier). Demande une chaleur
annuelle moyenne de 9° 3 ; il croît sur la latitude
46° jusqu'à l'altitude 800 mètres au-dessus du niveau
de la mer.

Je ne reparlerai point de la vigne et des céréales ; ces
questions sont assez connues par l'expérience. Cependant il est bon de dire que pour que la vigne donne
un vin potable et généreux il lui faut en moyenne
une chaleur entre 17° et 10°, *à fortiori* entre 9° et 8° 7,
l'hiver étant + 1, et l'été 19° à 20°.

Ce tableau, joint à tout ce que j'ai déjà indiqué,
pourra être un guide. Si donc vous vous servez d'une
géographie quelconque des plantes d'un pays, vous

pourrez avec les indications qué vous y recueillerez, même ces indications étant incomplètes, toujours avoir une idée des zones tempérées, connaissant le lieu dans lequel elles croissent et les familles qui leur sont associées.

Mais, pour plus amples renseignements, je joins ici une notice des principales plantes qui poussent en Amérique dans la zone tempérée tropicale, en prenant leur ordre, arrivant progressivement jusqu'à la contrée froide, c'est-à-dire des Chênes.

J'y joindrai ensuite une liste avec indication des plantes utiles et ornementales que la Nouvelle-Hollande et la Nouvelle-Zélande ont fournies et qui sont cultivées dans les jardins d'essai de Sydney-Melbourne.

Région des Fougères en arbustes, latitude 0° 20', de 600 à 1,600 mètres d'altitude; température moyenne, 20° à 19° 4 :

Cyathea speciosa, Cyathea villosa, Meniscium arborescens, Aspidium rostratum, Aspidium caducum, Macroenemum corymbosum, Alpinia occidentalis, Cypura martinicensis.

Région des Palmiers :

Martinezia caryotifolia, Chamædorea gracilis, Bactrys gachipaër, Oreodoxa montana, Kuntia montana.

Région des Mélastomées :

Turpinia laurifolia, Tournefortia caracassana, Cordia macrocephola, Anchusa leucanta, Palicourea caracassana, Nerteria repens, Psycotria tetranda, Coccocipsilium repens, Galium caripense, Bughnera virgata, Besleria quinduensis, Gesneria hirsuta.

Région des Pépéromées, de 600 à 1,800 mètres altitude :

Elytraria fasciculata, Chionanthus pubescens, Justicia caripensis, Justicia caracassana, Valeriana tomentosa, V: veronicæfolia, Cinchona grandiflora, C. caducifolia, C. oblongifolia, C. condaminea, C. cordifolia, Citrosma ambrosiaca, Hypericum caynense, Inga caripense, Mimoso debilis, Bocconia frutescens, Calceolaria perfoliata, C. carpinifolia, Angelonia salicaria, Dorstenia, Prunella æquinoctialis, Petrea arborea, Petitia tennifolia, Ocotea turbacensis, O. picchurium, Persea sericea, Ropala obovata, Myristica otoba, Passiflora glauca, Freziera chrysophylla, Mutisia grandiflora, Tagetes pusilla, Kylhingia elongata, Fiurena umbellata, Dendrobium elegans, Epidendrum antenniferum.

Plantes de la région tempérée, entre les parallèles 17°-21°; chaleur moyenne annuelle, 19° T° :

Liquidambar crythroxylum mexicanum, Piper auritum, P. terminale, Aralia digitata, Erhetia revoluta, Baccharis conferta, Cnicus pazcuarensis, Vauquelinia corymbosa, Guardiola mexicana, Symplocos coccinea, Tagetes tenuifolia, Myosotis albida, Psychotria pauciflora, Æginetia linearis, Hofmanseggia glandulosa, Ipomea cholulensis, Convulvulus arborescens, Budlega parviflora, Mimulus glabratus, Herpestes moranensis, Veronica xalapensis, Globularia elegans, Hyptis cucana, Scutellaria rumicifolia, Stachys actopanensis, Salvia mexicana, Lantana hispida, Duranta xalapensis, Vitex mollis, Pisonia hirtella, Arbustus densiflora, Cæsalpinia obcordata, Trichilia glabra, Eryngium proteæflorum, Laurus cervantesii, Plantago jorullensis, Daphne salicifolia, Fritilaria barbata, Yucca spinosa, Cobœa scandens, Georginæ, Tradescantia pulchella, Alstromeria hirtella, Helionas virescens, Luzula alopecurus, Salvia lutea.

Région des Chênes, 940 à 3,240 mètres de hauteur au-dessus du niveau de la mer; le thermomètre à 2,000 mètres de hauteur descend à 3º 4 :

Quercus xalapensis, Q. obtusata, Q. glaucescens, Q. laurina, Taxus montana, Hilaria cenchroïdes, Podocesmum setosum, Stevia viscida, S. virgata, Bannisteria rugosa, Dissodia fastigiata.

Et dans la région froide, qui se trouve de 2,200 à 2,700 mètres altitude, nous trouvons :

Peperomia umbilicata, Quercus crassipes, Rosa mexicana, Alnus, Cheirostemon platanoïdes, Datura superba, Salvia cardinalis, Klecnia colorata, etc., etc.

Mais si aujourd'hui nous consultons les flores des puissances ou territoires qui se trouvent compris entre les parallèles 30º et 46º, nous n'aurons donc qu'une seule loi à appliquer, et nous aurons dans le bassin méditerranéen une quantité de plantes qui nous rendront des services immenses pour la médecine, la teinture, les arts en général.

Dans la zone australe nous aurons le sud de l'Afrique, l'Australie; dans le sud de l'Amérique, la Patagonie, le Chili, le gouvernement de Buénos-Ayres, l'Uruguay, la Plata, où des richesses végétales nous sont encore cachées.

Dans la zone boréale en Amérique, nous avons le nord du Mexique, la basse Californie et le sud des États confédérés de l'Amérique (États-Unis).

Dans l'Europe et l'Asie : le Japon, le nord de la Chine, le nord de l'Indoustan, l'Arabie, la Turquie d'Asie, la Nubie, l'Égypte, le sud de la Turquie d'Europe et toutes les puissances limitrophes à la mer Méditerranée.

Le Japon et la Chine nous ont déjà fourni une quantité d'arbres et de plantes qui croissent de leur plus belle végétation sous nos latitudes, conséquemment sous notre climat. Les Bambous de l'Algérie sont des preuves incontestables de ce que j'avance, le Pawlonia imperialis, etc., etc., etc.

La Nouvelle-Hollande, où M. Moore, célèbre botaniste, a recueilli une collection de plantes que je vais énumérer, car elles sont d'une utilité incontestable et sont appelées à former dans notre nouvelle colonie, dans l'Espagne, le Portugal, l'Italie, le Maroc et l'Égypte, des groupes fort importants.

Les plantations d'essai qui se font en Algérie sont généralement mal faites; les arbres sont plantés épars, tandis qu'ils doivent être en massifs. Je puis citer un groupe d'Eucalyptus plantés dans les terres de Staouëli, chez les Trappistes. Ils se soutiennent entre eux, poussent d'une manière plus vive, offrant aux vents et aux orages un renfort plus grand que s'ils étaient à une grande distance les uns des autres; en même temps, par leur ombrage dans les grandes chaleurs, ils entretiennent à leurs racines une humidité qu'ils absorbent avidement. Les employés des eaux et forêts suivent ce système et ont la satisfaction de voir se confirmer les essais tentés par eux sur des essences de Pins, Cèdres, etc., etc., etc.

Je termine donc ce travail en donnant la liste des principaux arbres qui croissent en la Nouvelle-Hollande.

Tous les bois de construction seront marqués de la lettre A, et tous ceux qui sont arbrisseaux, dont le feuillage et les fleurs sont l'ornement des bords des rivières et des crevasses remplies d'alluvions qui se trouvent sur le versant des montagnes, seront distingués par la lettre B ; ceux qui constituent les grandes forêts impénétrables par leurs lianes, leurs feuillages palmés et d'une verdoyante couleur, ce qui donne à ces contrées un air tropical, par la lettre C. Ces forêts, qui occupent les plateaux des montagnes, presque toujours exposées aux évaporations de la mer, à peu de distance d'elle, se trouvent situées à 700 mètres environ au-dessus de son niveau.

Les Fougères arborescentes disputent de hauteur avec les Cèdres dits d'Australie, et sur leurs troncs couverts de mousse et de lichens une quantité considérable de plantes épiphytes, mélangées avec les palmiers et les lianes, forment un milieu noir et impénétrable.

Latitude de 30° à 40°.
Sud de la Nouvelle-Hollande

A 49 variétés d'Eucalyptus (Myrtacées).

A 4 variétés d'Angophora (Myrtacées).

A Syncarpia (Myrtacées).

C Tristania Nereïfolia (Myrtacées).

C Tristania laurina (Myrtacées).

C 2 autres variétés Tristania sp. (Myrtacées).

A Malaleucus styphelioïdes (Myrtacées).

A Melauncinata (Myrtacées).

A Melaros marinifolia id.

C Calistemon salignum id.

A Calistemon sp. id.

A Callis pallidum id.

B Leptospermum sp., 2 variétés.
Fabricia sp.
C Acmena elyptica.
C 3 variétés Acmena sp.
C Myrtus trinervis (Myrtacées).
C Stenocarpus salignus.
B Xilomelum pyriforme.
B Bankisia serrata.
B Id. integrifolia.
B Id. coccinea.
A Id. sp. (Protéacées).
C Grevillea robusta.
A Persoonia linearis.
B Id. latifolia.
C Acacia species (Fabacées).
A Acacia sp. id.
A Acacia binervata id.
C Acacia sp. 2 var. id.
Remarquable par son bois et un des plus grands du genre.
A Acacia falcata.
B Id. homomala.
A 3 variétés Acacia sp.
B Acacia elata.
C Id. umbrosa.
A Id. pendula.
B Id. sp.
B Id. adhemophora.
A Id. decurrens.
A Id. décurrens var.
A Jacksonia scoparia.
B Callitris frenella sp. (Pinacée).
A Casusrina suberosa (Casuarinacées).

A 4 variétés Casuarina sp. (Casuarinacées).
A Casuarina stricta (Casuarinacées).
B Monotcuca albens (Styphéliacées).
C Trochocarpa laurina.
C Zieria octandra (Rutacées).
C Zieria lanceolata.
C 2 variétés Eriostemon sp.
C Polyosma cuninghammii (Grosulariacées).
C Eupomatia laurina (Annonacées).
C Cryptocaria glaucescens (Lauracées).
C Cryptocaria obovata (Lauracées).
C 3 variétés species (Lauracées).
C Eudiendra glauca (Lauracées).
C Brachychiton acerifolium (Sterculiacées).
A Brachychiton populneoïdes (Sterculiacées).
C Hibiscus hiterophylus (Malvacées).
C Sapindus sp. (Sapindacées).
C Cupanea sp. id.
C Id. australis stradmania australis.
C Panax sp. (Araliacées).
C Aralia elegans id.
C Botryodendron sp. id.
C Doryphora sasafras (Atherospermacées).

C Doryphora sp. (Athero-spermacécs).

C Cargilia australis (Ebéna-cées).

C Pittosporum undulatum (Pittosporées).

C Elæodendrum australe (Celastracécs).

C Aphanopetalum sp. (Cu-nionacées).

C Ceratopetalum apetalum (Cunoniacées).

C Ceratopetalum gemnife-rum (Cunoniacées).

C Podocarpus spinulosus (Taxacées).

C Epicapurus sp. (Moracées).

C Ficus montia id.
2 variétés Ficus species (Moracées).

C Ficus macrophylla (Mora-cées).

C Ficus rubiginosa (Mora-cées).

C Urtica gigas (Urticacées).

C Achras australis (Sapota-cées).

C Notelea ovata (Oléacées).

C Alphitonia sp.(Rhamnées).

C Melia australis (Méliacées).

C Trichilla glandulosa id.

C Symplocos sp. (Styracées).

C Exocarpus sp. (Santala-cées).

AB Exocarpus cupressifor-mis (Santalacées).

B Calicoma sp. (Santalacées).

C Duboisia myoporoïdes id.

C Myrsine variabilis (Myr-sinées).

C Myrsine sp. (Myrsinées).

BC Rulingia Pannosa (Bytt-nériacées).

C Myoporum acuminatum (Myoporacées).

A Avicenia tomentosa (Myo-poracées).

C Clerodendron tomentosum (Verbénacées).

C Vitex leichhardtii (Verbé-nacées).

C Erethia acuminata (Éré-thiacées).

C Erethia sp. (Éréthiacées).

C Bradleia (Euphorbiacées).

C Baloghia.

C Cedrela australis (Cédre-lacées).

C Eleocarpus sp. (Tiliacées).

BC Id. cyaneus id.

C Eleocarpus holopetalus (Tiliacécs).

C Acronechyia sp.(Tiliacées).

C Scaforthia elegans (Pal-macées).

C Corypha australis (Palma-cées).

C Areca sp. (Palmacées).

C Balantium antarcticum (Polypod).

C Alsophila australis.

C id. sp.

C Eucryphia moreli.

Après cette énumération des principaux arbres qui croissent dans les districts du sud de la colonie anglaise, il est juste de donner la liste des arbres qui croissent dans le nord et sur les montagnes. On y retrouve presque toutes les plantes du sud : le Ficus macrophylla dans des dimensions énormes, le curieux arbre Urtica gigas, Cupania australis ; mais certaines plantes sont complétement étrangères au sud : les Araucaria, Flindersia, Castanospermum, Rottlera, Argyrodendron et les Owenia, genres d'arbres qui abondent dans ces districts et qui caractérisent par leur ensemble les localités où ils croissent.

M. Charles Moore, directeur du jardin botanique de Sydney, en a formé une liste que je vais mettre sous les yeux de mes lecteurs, afin qu'ils puissent trouver des lignes de comparaison pour servir à la naturalisation de ces végétaux et de certains autres appartenant aux mêmes climats et familles.

Ces plantes sont recueillies sur la rivière de Richemont, à Ballina, et dans les forêts de la côte et de l'Australie. Clarence en fournit une bonne partie.

Myrtacees.
Myrtus becklerii.
Lophostemon australis.
Nelitris sp.
Acmena sp.
Nelitris ingens.
Jambosa australis.
Eucalyptus sp.
Callistemon salignum.
Melaleuca styphelioïdes.
Myrtus melastomi.

Angophera subvelutina.
Myrtus acmenoïdes.
Acmæna pendula.
Syncarpia leptopitita.
Protéacées.
Persoonia cornifolia.
Orites excelsa.
Helicia glabriflora.
Id. præalta.
Id. ternifolia.
Id. stenocarpus saligna.

Helicia stenocarpus cuninghammii.

Fabacées.

Jacksonia scoparia.
Erythrina vespertilionis.
Wistaria megasperma.
Acacia cuninghammii.
Pithecolobium umbrosum.
Acacia umbrosa.
Castanospermum australe.

Coniferæ ou Pinacées.

Araucaria cuninghammii.
Frenella verucosa.
Otoclinus macleagamus.

Casuarinacées.

Casuarina quadrivalvis.
Casuarina tenuissima.

Tutacées.

Erodia erythrocoeca.
Gigera salicifolia.
Phebalium elatum.

Anonacées.

Mooria campylosperma.

Laurinacées.

2 variétés Cryptocaria sp.
Cryptocaria glaucescens.
Endiendra virens.
Tetranthera ferruginea.
Laurus camphora.

Sterculiacées.

Tarrietta argyrodendron.
Sterculia fœtida.
Brachychiton luridum.

Sapindacées.

Owenia venosa.

Akania hillii.
Cupania anacardoïdes.
Nephelium lanuginosum.
Cupania xylocarpa.
Cupania pseudo-orchus.
Cupania serrata.
Schmidelia anodonta.
    Id.   pyriformis.

Araliacées.

Panax elegans.

Cedrelacees.

Flindersia bennettii.
    Id.   australis.
    Id.   greavesii.
Cedrela australis.

Athérospermacées.

Atherosperma mieranthum.

Ébénacées.

Cargillia pentamera.
Diospyros sp.

Méliacées.

Harthigsia sp.
    Id.   rufa.
Synoum laraneri.
    Id.   glandulosum (Bois de rose).
Melia australis (Cèdre blanc).
Dysoxilon rufum.
Cedrela australis (Cèdre rouge).

Moracées.

Ficus aspera.
Epicarpurus orientalis.
Morus brunoniana.
Ficus macrophilla.

Sapotacées.

Achras australis.

Alangiacees.

Pseudolangium sp.

Bythnériacées.

Commersonia sp.

Célastrinacées.

Genus 2. •

Xanthoxylacées.

Dilanthus sp.

Euphorbiacées.

Baloghia lucida.
Rottlera tinctoria.
Croton phebaloïdes.
Rottlera discolor.
Baloghia australiana.

Apocynacées.

Taberna montana.
Carrissa ovata.

Flacourtiacées.

Denhamia pittosporoïdes.

Rahmnacées.

Aphytonia excelsa.

Verbénacées.

Vitex sp.

Aurantiacees.

Acronychia hillii.

Scrophulariacees.

Duboisa myoporoïdes.

Oléacées.

Olea paniculata.

Urticacées.

Urtica gigas.
Urtica photiniophylla.

Ulmacées.

Celtis opaca.

Capparidacées.

Busbeckia arborea.

Anacardiacées.

Rhus rhodanthemum.
Argyrodendron trifoliatum.

Saxifragacées.

Ackama muellerii.
Geïssois benthamii.
Schizomeria ovata.
Anopteris macleaganus.

Épacridacées.

Frochocarpa laurina.

Tiliacées.

Echinocarpus australis.
Elxocarpus grandis.

Olacinées.

Pennentia cuninghammii.

Léguminosées.

Castanospermum australe.

Corylacées.

Fagus carronii (magnifique arbre).

Ces deux listes de plantes avec le catalogue que le célèbre M. Hardy, directeur en chef du jardin d'essai du Hamma, publie annuellement, peuvent vous fournir des données certaines sur le choix des essences d'arbres à introduire.

Il faut y joindre les collections qui se trouvent renfermées au jardin d'essai d'Alger, au jardin du gouverneur, à Mustapha supérieur, à Husseindey, chez M. Parnet, dont il faut citer les jardins comme les mieux
tenus que je n'ai visités en Algérie. Des collections
entières de plantes y sont cultivées avec soin, et leur
propriétaire est d'une courtoisie si grande, que je con-
seillerais aux personnes amateurs de belles plantes de
visiter cette magnifique villa.

Enfin je termine en espérant que, cette année, j'irai
étudier la nature de toutes ces plantes au point de vue
commercial et industriel, pour publier l'année pro-
chaine le second volume, duquel j'ai déjà une partie
des documents.

Je suis avec un profond respect,

Monsieur le Ministre,

De Votre Excellence,

Le très humble et très obéissant serviteur.

F. GALLAIS.

Ruffec, le 20 janvier 1868.

Nota. — Il m'est agréable de pouvoir continuer le travail commencé ;
S. Exc. M. le Ministre de l'agriculture, du commerce et des travaux
publics m'a autorisé, par décision du 7 mars dernier, à continuer la
mission qu'il m'avait confiée le 24 février 1867.

Je serai donc le 10 avril prochain à mon poste, où je recevrai avec
plaisir les renseignements que j'aurais pu oublier,

Adresser poste restante, Alger.

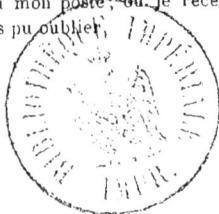

www.ingramcontent.com/pod-product-compliance
Lightning Source LLC
Chambersburg PA
CBHW071219200326
41519CB00018B/5600